觉醒

人生最终价值在于觉醒和思考的能力，而不只在于生存

刘洋 编著

中国商业出版社

图书在版编目（CIP）数据

觉醒 / 刘洋编. —北京：中国商业出版社，2016.5
ISBN 978-7-5044-9461-0

Ⅰ.①觉… Ⅱ.①刘… Ⅲ.①人生哲学－通俗读物
Ⅳ.①B821-49

中国版本图书馆 CIP 数据核字（2016）第 122857 号

责任编辑：郭 强

中国商业出版社出版发行
010-63180647　www.c-cbook.com
（100053 北京广安门内报国寺 1 号）
新华书店总店北京发行所经销
三河市祥宏印务有限公司

* * * * *

710×1000 毫米　16 开　16 印张　192 千字
2016 年 11 月第 1 版　2016 年 11 月第 1 次印刷

定价：33.80 元

* * * *

（如有印装质量问题可更换）

前言

"人生最终价值在于觉醒和思考的能力,而不只在于生存"这是希腊先哲亚里士多德对人生的体味。

生存仅仅是最低的存在要求,它不能成为或者体现我们的人生价值。而觉醒和思考的能力是我们创造价值财富的前提条件,具备这种能力才能体现出自己的价值。

世界日新月异,随时会遇到挑战与困难。然而,这些是生命赐予的礼物,可带来心灵和精神层面的成长。你是否已经准备好,直面人生的艰难考验?还是经常会因为陷入困境而感到孤立无援、一筹莫展?也许你已发现,人生悠长,生命中有太多难以把握的事。然而,正所谓"塞翁失马,焉知非福",磨难背后往往潜藏着转机与希望。

人生只有一次,没有人希望自己活得浑浑噩噩。但是,若想活出生命的真意,就必须自己把握方向,不为外力所控。在人生在一切可以依赖的力量中,最不可缺少一种内在的力量,就是觉醒。沉迷的人生充满无奈、束缚与痛苦,犹如失控的马车;觉醒的人生有方向、有活力,轻易驾驭马车,往目的地直奔。

人不但是一个生命，而且是一个独特的生命个体。它是独一无二的，也是不可重复的。每个人只有一个人生，因此，对自己的人生负责，实现人之为人的价值，是人生的根本责任。自我的觉醒，就是要负起这个根本责任，做自己人生的主人，真正成为"自己"。

成为自己，这不是容易的事。人们往往受环境、舆论、习俗、职业、身份支配，作为他人眼中的一个角色活着，很少作为自己活着。为什么会这样？一是因为懒惰，随大流是最省力的，独特却必须付出艰苦的努力。二是因为怯懦，随大流是最安全的，独特却会遭受舆论的压力、庸人的妒恨和失败的风险。可是，如果你想到，你只有一个人生，如果虚度了，没有任何人能够安慰你，你还有必要在乎他人的眼光吗？

毛泽东讲："人，总是要有一点精神的。"总是需要具有广阔的胸怀、开阔的视野、豪迈的气魄、无畏的勇气和坚定的决心。这本书结合精典而具体的案例加以深入浅出地分析总结，让读者在阅读当中可以从那些成功者身上汲取更多的精神，找到更好的方法，发现更快的路子，从而摆脱优柔寡断、胆小怕事、顾虑重重、过于谨慎、缺乏自信这些大多数人身上都存在的人格缺陷，这些令我们的人生陷入停滞的泥潭。

当你被琐事杂务缠绕无法脱身时，当你抱怨连连工作却毫无进展时，翻翻这本书，也许你就能找到人生的突破口！

目 录

第一章　直面人生

　　鲁迅先生说："真的猛士，敢于直面惨淡的人生，敢于正视淋漓的鲜血。"每个人都想拥有完美的人生，但社会生活却不是以个人的意志为转移的，每个人的一生都会出现许多意想不到的困境和挫折。面对困难，你是怨天尤人，还是勇敢面对？这是每个人都必须觉醒的意识。

逆境是人生的炼金石 ………………………………………… 1
直面现实才能走出困境 ……………………………………… 4
罗马不是一天建成的 ………………………………………… 6
再试一次又何妨 ……………………………………………… 9
成败只有一步之遥 …………………………………………… 13
信心是成功的起点 …………………………………………… 16
树挪死，人挪活 ……………………………………………… 18
有变化就有机会 ……………………………………………… 21

第二章　不惧竞争

　　老子曾经说过："唯不争，故天下莫能与之争。"然而这个道理只适用于"鸡犬之声相闻，老死不相往来"的古代社会，而不适用于全球化日益发展的现代社会。现代社会是一个残酷竞争的社会，不积极参与竞争，就一定会被超越甚至被吞噬。只有拥有十足的耐性、出众的策略、顽强的毅力和不屈的精神，才能在恶劣的环境中坚强地创造生存空间。

野心比实力更重要 …………………………………… 25
没有"不可能",只有"敢不敢" ……………………… 29
天生我材必有用 ……………………………………… 31
成功贵在坚持不懈 …………………………………… 35
身体是竞争的本钱 …………………………………… 39
永远不要等待明天 …………………………………… 44
盲从是最大的迷失 …………………………………… 47
不走别人走过的路 …………………………………… 52

第三章 果断行动

　　比尔·盖茨说过:"不要以为取得辉煌成就的人与常人相比有何过人之处,唯一的区别在于当机会到来时就要付诸行动,决不迟疑,这就是成功的秘诀。"现实中就有许多人敢想不敢说,或者敢说不敢做,结果时间一天天过去,最终一事无成。与其想破了脑子磨破了嘴皮,不如实实在在地行动起来!

十个想法不如一个行动 ……………………………… 57
不要迟疑,马上行动 ………………………………… 60
机不可失,时不再来 ………………………………… 63
冒险与收获结伴而行 ………………………………… 67
抢占制高点,争当排头兵 …………………………… 71
尝试,尝试,再尝试 ………………………………… 75
破釜沉舟,背水一战 ………………………………… 77
果断不等于鲁莽 ……………………………………… 79

第四章 勇于拼搏

　　追求成功是一个人远大的目标,但在茫茫人海中却只有少数人能够打开成功的大门,成为人类的精英。同在蓝天下,而大多数人却壮志难酬,庸碌一生。其实,成功者与失败者的最大区别主要在于一个"敢"字,"三分天注定,七分靠打拼",敢拼才能赢。

心动不如行动,想到不如做到 ……………………… 85

胆子放大一点，步子放快一点 ………………………… 88
不怕做不到，只怕不敢想 …………………………… 90
与其放弃，不如一试 ………………………………… 93
胆量有多大，收获有多大 …………………………… 96
有勇气，才能有运气 ………………………………… 100
有胆有识，才能有为 ………………………………… 104
抢先一步，领先一路 ………………………………… 107
不入虎穴，焉得虎子 ………………………………… 111
敢拼不硬拼，斗智不斗力 …………………………… 113

第五章 敢于亮剑

孟子说："道之所在，虽万千人逆之，吾往矣。"精神的力量可以是无限的！困难并不那么可怕，只要拥有积极向上的心态，就有战胜一切的可能。凡成大事者，必须具备敢想敢说敢做的大无畏气魄。"亮剑精神"就是首先从气势上压倒对手，彰显出无所畏惧所向披靡的王者之气。面对强大的对手，明知不敌，也要毅然亮剑，决一高低。

拿出你的气魄来 ……………………………………… 117
掌好命运之舵 ………………………………………… 120
心有多大，舞台就有多大 …………………………… 123
有志者，事竟成 ……………………………………… 126
狭路相逢勇者胜 ……………………………………… 129
不经历风雨怎能见彩虹 ……………………………… 133
信念的力量是无穷的 ………………………………… 136
时刻准备着 …………………………………………… 139

第六章 以智取胜

俗话说："鸟靠翅膀兽靠腿，人靠智慧鱼靠尾。"人类之所以在众多物种中脱颖而出，成为主宰世界的"万物之灵"，是因为我们拥有更多的智慧。智慧是一种透视，一种反想，一种远瞻；它是人生含蕴的一种放射性；它是从人生深处发出来的，同时它可以烛照人生的前途。

脑袋决定口袋 …………………………………… 143
想像力可以统治世界 …………………………… 147
好点子让你收益非凡 …………………………… 151
成功始于梦想 …………………………………… 154
财富都是思考出来的 …………………………… 157
用脑子去创路子 ………………………………… 160
聪明人创造机会 ………………………………… 163
头脑"开窍"你就行 …………………………… 167
白手起家不是梦 ………………………………… 172

第七章　能屈能伸

　　君子之心，可大可小；丈夫之志，能屈能伸。就像我们走步：双腿僵直注定走不远，屈伸自如才能健步如飞。人生旅途不全都是笔直的大道，终将有过不去的沟坎。懂得屈伸，即使充满荆棘的路也是坦途。任何时候，都要像弹簧一样，经得住风风雨雨、坎坎坷坷，压得越狠，弹得越高！

成败就在取舍之间 ……………………………… 175
放弃也需要勇气 ………………………………… 179
拿得起，放得下 ………………………………… 182
成也英雄，败也英雄 …………………………… 187
只为成功找方法，不为失败找借口 …………… 190
忍小事方可谋大局 ……………………………… 192
好汉敢吃眼前亏 ………………………………… 196
敢于承担责任 …………………………………… 200
大胆承认自己的错误 …………………………… 203

第八章　赢在口才

俗话说："君子动口不动手。"好口才不是政治家、军事家、外交家、文学家等名人的专利，它存在于千千万万普通人的生活中，存在于我们日常的工作和学习中。良好的谈吐，可以增进人与人之间的了解，可以把彼此之间的距离缩短。拥有好口才的人可以将语言作为一种武器去解决生活中的各种矛盾，与他人更好地沟通。

不要败在说话上 …………………………… 207
大胆说出自己的想法 ……………………… 211
好口才，赢天下 …………………………… 214
用舌头代替拳头 …………………………… 218
赚钱就凭一张嘴 …………………………… 220
说"不"也是一门艺术 …………………… 223
说话要会绕弯子 …………………………… 226
实话巧说，坏话好说 ……………………… 231
说服你没商量 ……………………………… 236

第一章
直面人生

鲁迅先生说:"真的猛士,敢于直面惨淡的人生,敢于正视淋漓的鲜血。"每个人都想拥有完美的人生,但社会生活却不是以个人的意志为转移的,每个人的一生都会出现许多意想不到的困境和挫折。面对困难,你是怨天尤人,还是勇敢面对?这是每个人都必须觉醒的意识。

逆境是人生的炼金石

一个有所追求的人,不可避免地会遇到各种各样的困难和打击。而这些挫折并不是白白经历的,它不仅能使你的人生绽放出最美丽的成功之花,而且还能使你从挫折中吸取教训,是迈向成功的踏脚石。

许多年前,一位聪明的老国王召集大臣,让他们编一本《古今智慧录》,留传给子孙。这些大臣工作很长时间,完成了一套12卷的巨作。国王说太厚,需要浓缩。这些大臣又经过长期的努力,变成了一卷书。然而,国王还嫌太长。于是,这些人又把一本书浓缩为一章,

觉醒

然后再缩为一页,再变为一段,最后变成了一句。聪明的国王看了这句话,显得很得意。他说:"这是古今智慧的结晶。全国各地的人一旦知道这个真理,我们大部分的问题就可以解决了。"这句话就是:"挫折是一笔可贵的财富。"

在人的一生中,挫折和困难是不可避免的。成功者和失败者不同的是:前者将挫折和困难当做锻炼自己心理承受能力和意志力的砥石;而后者则为之吓倒,一蹶不振,从而彻底失败。

在人类社会里,挑战挫折、挑战困境、挑战失败,是成功人生无法回避的考验。没有较强的心理承受能力,是根本不可能面对这一考验的。一般而言,失败和挫折是指人在实现某个重大目标过程中,意外地遭遇到来自人为的或自然的阻挡、打击、破坏性因素的干扰,使原定目标暂时或永久无法实现的一种情景或外部表现形式。

经历失败或挫折后,通常人的意志倾向和心理设想在现实中会因为不能预期实现而产生心理反应。这种反应的主观感觉一般是痛苦、烦恼、压抑、抑郁、消沉等心理特征。

挫折使人陷入逆境,给人的心理造成很大的压力,挫折带来的社会反应是批评、轻视、嘲讽乃至误解。挫折营造的社会氛围绝不会是愉快和轻松,而是热情下降,支持率降低,直至人心离散,冷嘲热讽。

人之所以会变得坚强,就是因为在人生的奋斗之旅中充满着困难。那些最坚强的人,从来是战略上藐视困难、战术上重视困难的人,是在与艰难困苦的较量中磨炼出坚强性格的人。

阿拉伯民间故事集《一千零一夜》里,有一个勇敢的航海家辛伯达,他每次总是去寻求那种与大自然抗争、与海盗搏斗的惊险航行。而恰恰是这些经历使他应付危机的能力大大增强,使他一次次大难不死,平安抵达目的地。

挫折普遍地存在于人们的生活之中，而事业遭挫是其中比较突出并且是许多人都会遇到的一种。不论是伟人还是凡人，在人生的漫漫征途上，都会遇到不同的挫折与挑战。而伟人所遇到的挫折可能会更多。

既然挫折和困难不可避免，那么，不妨昂起头来，迎接挑战，正好借挫折和失败，锤炼我们的心理承受能力，锻炼我们的意志力。

在现实生活中，人人都追求理想，大家都渴望成功。然而，挫折却像凛冽的寒风一样，摧枯拉朽，残酷无情。若想使春天的幼苗不被寒风刮折、吹死，就得拥有抵御寒风的措施。而对于干事业而言，要想在无数次挫折中取得成功，唯一有效的办法就是通过努力提高自己抵御挫折的能力，这便是永不屈服、永远奋斗的挑战精神，而其中很重要的便是培养自己较强的心理适应能力，这无疑具有重要的意义。

只要我们不怕困难，困难就会成为磨炼我们坚强性格的一块磨刀石。中国有句老话："艰难困苦，玉汝于成。"困难的环境，最能磨炼人的意志，增强人的才干，对人的性格有着特殊的锻炼价值。对于困难我们不必害怕也不必回避，而应以积极的态度迎难而上，在征服困难的过程中，把我们锻炼得更加坚强。

总之，一方面挫折带来的不是荣誉，而是耻辱；不是喜悦，而是沮丧；不是振奋，而是消沉。另一方面，挫折又是走向顺利和成功的必要付出，是相辅相成的关系。正像自然界中没有阴即没有阳一样，人类社会中没有挫折就没有挑战，也就没有成功。

所以，我们要在逆境中培养出不怕困难、勇于战胜困难的精神，越遇到挫折就要越坚强，坚强的意志就是人生道路上的一把斩除荆棘的利剑。

 觉醒

直面现实才能走出困境

生存,首先就是要接受现实,不管你面临的困境是什么,你都要承认这就是你必须面对的客观现实,然后在这个基础上,你才能实事求是地想办法去走出困境。

世界上有幸运,也就会有不幸。当不幸来临时,无论发生了什么事,都不要大惊小怪或者自暴自弃,而是要保持一种积极向上的心态和顽强的拼搏精神。

真正的成功者不论他们喜不喜欢,愿不愿意,都懂得利用现在的处境来作为提升自我身价的跳板。他们勇敢地面对现状:"这就是我今日的处境,我唯一得以解救的就是在目前环境中展开活动。"

在我们的周围,有很多人之所以没有成功,并不是因为他们缺少智慧,而是因为他们面对事情的艰难而没有了做下去的勇气,他们自认为已陷入绝境,所剩下的只有悲观失望。这就是由于人们只在同一角度停留所造成的,如果能换一换视角,也就是我们一直在说的换一个角度来考虑问题,那么你就会发现,情况其实并不像你想像的那样。

《庄子》中有一则发人深省的故事。上天赋予了子舆很多缺陷:驼背、隆肩、脖颈朝天。朋友问他:"你很讨厌自己的样子吧?"他回答说:"不,我为什么要讨厌自己呢?假如上天使我的左臂变成一只鸡,我就用它在凌晨来报晓;假如上天使我的右臂变成弹弓,我便用它去打斑鸠烤了吃;假如上天使我的尾椎骨变成车轮,精神变成了马,我便乘着它遨游世界。上天赋予我的一切,我都可以充分使用,没有理由要讨厌它!'得'是时机;'失'是顺应。安于时机而顺应变化,所

以哀怨不会侵到我心中。"

子舆是多么坦然、喜悦地去接受、欣赏自己,毫不自暴自弃,而且顺应客观,充分发挥自己独特的潜能,化劣势为优势。古人何其通达!然而,现实中有些人的优势比子舆高出百倍,也有才有智,却经受不住别人的"言语轰炸",最后在自怨自艾中迷失了自我。

曾经,有位学者在外国进修期间,有家公司以每年十万美元的薪金聘他为工程师,他婉言谢绝。回国后,他月薪只有百余元仍夜以继日地工作。后来,他感到无尽地伤心,因为关于他的流言飞语太多,他穿西装,人家说他"崇洋媚外";他蹲书店,有人说他"不务正业";他说话直来直去,有人说他"骄傲、不谦恭";还有人说他妄图夺老校长的"交椅"……后来,他甚至连论文也不敢发表了,以免人家说他"捞外快"、"谋私利"。由于摆脱不了自怨自艾的困境,进也不成,退也不是,因此他最终一事无成。

事实上,社会各个阶层都不乏游手好闲、喜欢指责、耍弄有实干能力者的小人,尤其在"权"和"利"面前,使绊子的多,诽谤的多,穿小鞋的多……这就是社会,社会现实是复杂的、险恶的,不尽如人意的,不凑巧的事、倒霉的事、煞风景的事,构成了生活中不和谐的经纬线,不要把社会生活理想化,承认现实生活的丑陋与不足,正确认识环境所造成的困境,你才能有办法去超越。

现代人生活在紧张的竞争氛围中,生活在不良的环境里,应首先学会超脱,学会寻找快乐,这样才能保持良好的心态,轻松愉快地生活。

古人在经历了人生的坎坷之后,得出"生死由命,富贵在天"的结论。但我们应该相信,一个人命运的好坏,是由自己的心态决定的,因为,任何一个人不可能永远幸运,也不可能永远被厄运纠缠。面对

现实社会生活中的种种困境和难题,我们既要接受这种现实,同时又要超越这种现实,不要抱怨,而要以通达的态度去面对,要相信:命运由我们自己创造,命运掌握在我们每个人手中。

"面对现实"好像总是说给一些陷入困境的人的,其实,现实也未必是苦涩的,现实只是那种平平常常的样子。觉得苦涩的,只是无奈又不得不面对的心态。面对现实、承认现实,这是改变的基础。在离弃现实的时候,现实是苦涩的;当直面现实的时候,现实就会显出本来的样子。在渐渐的变化中,现实不再那么僵硬和冰冷,开始现出光明的色彩。原来现实并没有叫人顺从和灰心,只是需要承认和尊重,进而才能跨越。

罗马不是一天建成的

做事情不能仰头向天,而应脚踏实地一步一步地走。在你的一生中,诚实和勤奋应该成为你永不背叛的益友。人们往往把希望要做的事业看得过于高远。其实最伟大的事业只要从最简单的工作入手,一步一个脚印地前进,便能达到事业的顶峰。

所谓优良的计划,就是自行设定每个月的配额或清单。任何一个人的成功都不可能是一蹴而就的,只有通过一点一点的努力才能取得最后的成功。

也许大家都听过三只钟表的故事。一只新组装好的小钟放在了两只旧钟当中。两只旧钟"滴答"、"滴答"一秒一秒地走着。其中一只旧钟对小钟说:"来吧,你也该工作了。可是我有点担心,你走完3200万次以后,恐怕便吃不消了。"

"天哪！3200万次。"小钟吃惊不已。"要我做这么大的事？办不到，办不到。"

另一只旧钟说："别听他胡说八道。不用害怕，你只要每秒'滴答'摆一下就行了。"

"天下哪有这样简单的事情。"小钟将信将疑。"如果这样，我就试试吧。"

小钟很轻松地每秒钟"滴答"摆一下，不知不觉中，一年过去了，它摆了3200万次。

"一步一步走下去"的成功学意义在于：决心获得成功的人都知道，进步是一点一滴不断地努力得来的，就像"罗马不是一天建成的"一样。做任何事情都要脚踏实地，一步一个脚印，在工作中更需要这样。阿春在一家五金商店工作，每月只能赚五百元。他刚一进商店时，老板就对他说："你必须对这个生意的所有细节熟门熟路，这样你才能成为一个对我们有用的人。"

"一个月五百元的工作，还值得认真去做？"与阿春一同进公司的年轻同事不屑地说。

然而，这个简单得不能再简单的工作，阿春却干得非常用心。经过几个星期的仔细观察，年轻的阿春注意到，每次老板总要认真检查那些进口的外国商品的账单。由于那些账单使用的都是英文和韩文，于是，他开始学习英文和韩文，并开始仔细研究那些账单。一天，他的老板在检查账单时突然觉得特别劳累和厌倦，看到这种情况后，阿春主动要求帮助老板检查账单。由于他干得实在是太出色了，以后的账单自然就由阿春接管了。

几个月后的一天，他被叫到一间办公室。老板对他说："阿春，公司打算让你来主管外贸。这是一个相当重要的职位，我们需要能胜任

的人来主持这项工作。目前,在我们公司有二十多名与你年龄相仿的年轻人,只有你看到了这个机会,并凭你自己的努力,用实力抓住了它。我在这一行已经干了近四十年,你是我亲眼见过的三位能从工作琐事中发现机遇并紧紧抓住它的年轻人之一。其他两个人,现在都已经拥有了自己的公司,并且小有建树。"

阿春的薪水很快就涨到每月两千元。一年后,他的薪水达到了每月七千元,并经常被派驻韩国。他的老板评价他时说:"阿春很有可能在30岁之前成为我们公司的股东。他已经从平凡的外贸主管的工作中看到了这个机遇,并尽量使自己有能力抓住这个机遇,虽然做出了一些牺牲,但这是值得的。"

能够从日复一日的工作中发现机遇是非常重要的,尽管机遇所带来的近期回报可能很少,甚至微不足道,但是,我们不能把眼光局限在自己得到了什么,而应当看到"我们能够得到这个机遇"本身的价值。现在的许多年轻人都不会像阿春那样愿意接受每月几百元的工作,因为他们觉得自己的付出远远大于所得到的这区区几百元。但事实上,正是这份每月几百元的工作为阿春每月七千元的工作奠定了基础。

人们往往对离自己最近的地方熟视无睹,也往往看不出日复一日的工作琐事中有什么值得挖掘的机会。初入社会的年轻人很容易将机会与运气混为一谈,其实,机会与运气是完全不同的两个概念。运气,不需要做任何准备,只要碰上了,不费吹灰之力便能够财运亨通或直上青云。运气具有非常大的偶然性,任何人都不能拿自己的一生去赌。而机会,则常常把自己打扮成挑战或挫折,只有那些在平凡工作中善于用心并敢于接受挑战的人,才能发现并抓住机会。然而,我们多数人的毛病是,当机会朝我们冲奔而来的时候,我们却闭着眼睛,很少人能够去追寻自己的机会,甚至在绊倒时还不能看见它。

上天就是这样捉弄人,你越希望即刻如愿的,越难以即刻如愿。成功,不是直线,而是曲线。成功,是一个缓慢的积累过程,缓慢的学习过程。攀登珠穆朗玛峰,需要从脚下第一步开始,没有一下子就能跃上山顶取得成功的。

再试一次又何妨

当孩子在学习走路时,做父母的都会面向孩子伸出双手,迎接着还不敢大胆迈步的孩子。当孩子摔倒在地时,父母会鼓励孩子说:"爬起来,再试一次!"

这样,一次次的"再试一次",终于使孩子学会了走路。在我们的工作和生活中,有多少类似的事情发生,也需要一次次"再试一次"的勇气。再试一次,或许便阳光明媚。

有个科学家做了一个这样的实验:

他将一群跳蚤放入实验用的大量杯里,上面盖上一片透明的玻璃片。跳蚤的习性就是爱跳,于是许多跳蚤都撞上了玻璃,不断发出叮叮咚咚的声音。过了一阵子,动物学家将玻璃片拿开,竟然发现所有的跳蚤依然在跳,只是已将跳的高度保持在接近玻璃片的水平上,以避免撞到头,结果竟没有跳蚤能跳出去。它们的能力不是跳不出来,而是在屡受挫折后已经丧失了再试一次的勇气。

也许我们会嘲笑跳蚤的愚蠢,可遗憾的是当失败打击接踵而至时,我们不也曾像跳蚤那样放弃所有的努力而听任命运的安排吗?

失败了不要气馁,只要有"再试一次"的勇气和信心,你就能获

 觉醒

得成功；在取得了已有的成功之后，不要安于现状，只有抱着"再试一次"的信念，才能不断超越自己，攀上新的成功高峰。

有一个年轻人，家庭生活极其贫困，全靠他一人养家糊口。别的那些与他年龄相仿的孩子正在校园里过着无忧无虑的生活时，他已经为了生活而奔波操劳了。他必须去找工作。于是，他来到一家电器工厂，想找一份工作。他对负责人说，他只想要一份能给他们一家人带来固定收入的工作，哪怕是最低下的他也做。负责人微微地看了看眼前的年轻人：衣着不整，又瘦又小，负责人觉得很不理想。碍于面子，免得伤他自尊心，便没有直接说，找了一个借口说："厂里暂时不需要人，你过一个月再来吧。"

对于一般人来说，应该都明白了负责人的言外之意，这一个月根本就是虚幻的，根本就用不着等。但是，一个月后，那年轻人却真的来了！负责人无奈之下，只好推迟说："再过些天吧。"

过些天后，那年轻人真的又来了。如此反复，负责人终于亮出了底牌："你衣着太脏了，不够资格进我们工厂。"于是，年轻人回去了。

第二天，负责人见那年轻人衣冠楚楚出现在面前。"先生，这是昨天借钱买的。觉得怎么样，现在我应该可以了吧？"年轻人笑了笑。

"还不行，关于电器方面的知识，你几乎一窍不通。"负责人苦笑着摇了摇头。

几个月后，年轻人再一次来到这家企业，找到负责人，说，"先生，我抓紧时间学了一些电器方面的知识，您看，我哪方面还不符合贵工厂的用人标准，我一项一项再弥补。"

听着年轻人那句话，负责人望了他好半天，终于说话了："我干这一行已经好几十年了，第一次碰见你这么有耐心的人！好，年轻人，明天来上班吧！"

这个年轻人，就是后来享誉全球的"企业经营之神"——松下幸之助。他凭着自己坚持不懈的努力，一举登上日本松下电器公司总裁宝座。他就是这样不怕失败，一次又一次地与失败抗衡，一步比一步接近成功。

当上总裁的松下幸之助，对新近员工的要求也很严格。有一次，松下公司招聘一批推销人员，考试是笔试和面试相结合。这次招聘的人数总共就10名，可是报考的达到几百人，竞争非常激烈。经过一个星期的筛选工作，公司从这几百人中选择了十名优胜者。

松下幸之助亲自过目了一下这些入选者的名字，令他感到意外的是，面试时给他留下深刻印象的神田三郎并不在其中。于是，马上吩咐下属去复查考试分数的统计情况。

经过复查，下属发现神田三郎的综合成绩相当不错，在几百人中名列第二。由于计算机出了毛病，把分数和名称排错了，才使神田三郎的成绩没有进入前十名。松下幸之助听后，立即让下属改正错误，尽快给神田三郎发录取通知书。

第二天，负责办理这件事情的下属向松下幸之助报告了一个令人吃惊的消息：由于没有接到松下公司的录取通知书，神田三郎竟然跳楼自杀了，当录取通知书送到时，他已经死了。这位下属自言自语地说："太可惜了，这位有才华的年轻人，我们没有录取他。"

松下幸之助听了，摇摇头说："不！幸亏我们公司没有录取他，这样的人是成不了大事的。一个没有勇气面对失败的人又如何去做销售！"

真正的成功人士，没有一个是知难而退的；而是迎难而上，愈挫愈勇，永不言弃。

2008年10月，在一个国际大型饮料订货会上，很多的国内外知名品牌厂家蜂拥而至。刚成立不久的新新奶茶厂也想占一席之地。但由于场面之大远超出厂长的预测，该厂的产品和参展人员被挤在一个小角落里。

虽然新新奶茶是运用传统结合现代工艺精心研制的新产品，但从包装外观和广告宣传上都很难得到经销商的认可。再加上大厂家使出了浑身解数来推销，使小厂家根本无计可施。

当订货会将近尾声的时候，许多厂家欢声笑语，准备满载而归。然而，新新奶茶厂的产品仍旧无人问津，新新奶茶厂的销售员为此一筹莫展。

这时厂长突然发现了大厂家忽略的一点，他对员工们说："让我最后来试一次。"只见厂长取过两瓶奶茶装在一个网兜里就往大厅中心走去，厂长的这一举动使得大家莫名其妙。

只见厂长走到大厅中央人员稠密的地方，突然"一不小心"，将两瓶奶茶丢在地上，瓶子当场碎了，顿时大厅内香味四溢。可以想见，参加这个订货会的都是些饮料专家，很多人就从这飘散的奶茶中得出了定论——这肯定是一种品质上乘的新饮料。于是凭借这香味，很多客户对新新奶茶厂的产品产生了兴趣，奶茶在一个多小时内被订购一空。

从此，新新奶茶厂一举成名，产品供不应求。若不是在订货会上厂长英勇的"再试一次"，哪来日后的成功。当时如果以正常的方式去如林强手中抢占一块市场，谈何容易！但是，这位厂长的超常之举就把这个无名企业推上浪峰，功成名就。在竞争激烈的今天，企业要想生存、要想发展，就必须要有"再试一次"的勇气和决心。

很多时候，人之所以会失败，并不是由于各种客观原因，而是自己败下阵来，不愿再去尝试。也就是说，是自己打败了自己。我们为什么不可以以勇敢者的气魄,坚定而自信地对自己说一声"再试一次"?

鼓起勇气,再试一次,就会成功!

成败只有一步之遥

人人都渴望成功,但并不能代表渴望成功就一定能顺利成功,成功的道路并不是一片坦途,在通往成功的道路上,只有经历一次又一次的失败,磨砺意志,正确地总结得失,最终才能赢得成功。成功需要很多先决条件,其中包括你所拥有的资金、经验、能力以及你对成功的不懈追求。因此,渴望一次努力就成功的愿望是不现实的。那些一旦失败了便开始怨天尤人、患得患失的人就是性格极其脆弱以及对失败没有正确认识的人。

其实,失败是人生一笔十分重要的财富。善待失败的人,他们不是消极地接受失败的结果,而是把对失败的总结体会作为一种财富来享有,他们善于从失败的教训中得到启发,冷静地处理失败得失,分析失败的原因,找出问题的症结所在,以避免下一次再犯类似的错误,从而获得事业的成功。

面对人生中的失败,要做到理智和冷静,同时还要能够做到坚持。在失败的时候,需要理智冷静。"坚持就是胜利",只有做到坚持,才能够逐步接近乃至取得成功,所以坚忍不拔的意志也是不可缺少的。

如今的社会,竞争加剧,人们的生存空间在外来重荷下逐渐缩小,心灵所能承受的只有成功,哪怕成功的花环上点缀了少许的失败也挥之不去。就这样,失败的时候追悔自己,成功时苛求自己,最后使自

 觉醒

己身心疲惫。

有这样一个寓言故事：

一头老驴，掉到了一个废弃的陷阱里，很深，根本爬不上来，主人看它是老驴，也就懒得去救它了，让它在那里自生自灭。那头驴一开始也放弃了求生的希望，每天还不断地有人往陷阱里面倒垃圾，按理说老驴应该很生气，应该天天去抱怨，自己倒霉掉到了陷阱里，它的主人不要它，就算死也不让它死得舒服点，每天还有那么多垃圾扔在它旁边。可是有一天，它决定改变它的生存态度，它每天都把垃圾踩到自己的脚下，从垃圾中找到残羹来维持自己的生命，从来就没有被垃圾淹没的感觉，后来终于有一天，它踩着不断加高的垃圾堆重新回到了地面上。

从这则故事中，我们不难悟出这样一个道理：在人的一生中，难免会经历一些挫折与不快，关键是你怎样看待和面对这些挫折和不快，就像故事中的老驴一样，在好端端的时候却突然遭遇掉进陷阱的灾难，存在着严重的生存危机，可它最终还是排除万难，战胜了饥饿，战胜了耻辱，走出了陷阱。对于这头老驴来说，它的遭遇可以说是一个极其严重的挫折甚至可以说是失败，虽然驴一开始也曾犹豫放弃求生的希望，可它最终还是改变了态度，从而找到了求生之道。

如何对待失败挫折，不同的人往往存在截然不同的人生态度。善于利用失败的人，往往就能够从失败中汲取有益的教训，将失败改变成一笔对自己有用的财富，从而在日后的工作当中趋利避害，赢得各方面的成功；而另一些人，对失败存在一种错误的认识，失败对他们来说犹如一记闷棍，失败了从此便一蹶不振。

将失败看做一种伤害的人在现实生活当中常常会出现如下行为：他们经常牢骚满腹，抱怨上天对自己的不公，抱怨自己的学校不好，

抱怨自己的专业不好，抱怨自己的老爸没有本事，抱怨自己的工作条件差而收入水平低，抱怨自己没有碰到好运气……面对失败，他们往往不能冷静地处理，找出失败的原因，经历一次两次失败的打击，他们就觉得天要塌了，变得心灰意懒，整天消沉于失败的阴影之中，致使所面临的问题得不到及时的解决。

俗话说得好："吃一堑，长一智。"亡羊补牢还为时不晚，要经常对失败进行总结。失败了难道就让它这样失败了？对待失败我们应该有泰然处之的态度，及时总结失败得失，吸取经验教训，针对失败的原因，做有效的补救措施，只要做到经常总结，亡羊补牢还是十分有效的。

在人生和事业中遭遇了失败，在一个地方跌倒之后，不少人往往会做出这种选择：迅速逃离失败，换一个领域、环境从头再来。其实，跌倒的地方也有风景，我们不必急于走开。

从失败中培养成功。障碍与失败，是通往成功的两块最稳靠的踏脚石。"失败是成功之母"，多少次的失败才孕育出了一次伟大的成功。正是因为如此，可见失败与成功之间的那丝连接是多么的重要啊！

失败是什么？成功又是什么？只不过隔了一步之遥而已！失败是走向成功的必经之路，只要渡过了这个难关，成功将离我们不远。逆境是一所最好的学校，每一次失败，每一次打击，每一次损失，都蕴藏着成功的萌芽。

在人生的道路上，失败与成功如影随形，谁都无法逃避，关键是如何把握。只有真正做到胜不骄，败不馁，成功时不忘自警，失败时不失勇气，及时反思，成功才会永远伴随着你。

在这个世界上，从来没有绝对的失败，有时只需稍微调整一下思路，失败就有可能向成功转化。失败和成功之间有时只有半步的距离。

只要我们在跌倒的地方向前跨出了那正确的半步,成功就唾手可得。

要记住的是,跌倒的地方有风景,关键是要爬起来才能看得见。

信心是成功的起点

成功是需要信心的。没有信心,一个小小的风浪也会将人淹没,一次小小的失意也会使人不能重新站起。而成功者必定是有胆有识、有勇气、有魄力、有信心的人。

命运如同掌纹,弯弯曲曲,却握在我们自己的手中。只要不失去那个叫自信的支点,在困难艰险的环境里,我们同样可以活得很好;只要我们拥有信心,我们就可以用心去书写自己人生的美丽画卷。

罗伯特·波顿说:"信心并不只是心灵拥有的一种想法,而是一种拥有心灵的想法。"信心就是无需任何确证就相信某种事物的能力,信心的基础是相信自己。

在生活中,你是否提过这样的疑问:我该相信谁的话呢?又是否问过自己,是相信别人重要,还是相信自己重要呢?对自己没有信心的人不能参与竞争。如果缺乏自信,你就无法体味人生的真谛,总认为自己不如别人,那么在竞争激烈的今天,你就必然被社会所淘汰,成为一个无用之人。

自信就是要相信和信任自己,从而激发自己去奋斗和拼搏的斗志,自信就是鼓舞和爱护自己,而不是去一味怀疑和否定自己进行"自我消耗",到后来真的没有勇气去面对竞争了。"充满信心"和"缺乏信心"是两种截然不同的态度,它决定着一个人能不能在竞争中取胜。如果我们对自己够诚实的话,就知道自己是不是真有自信心。自信是一种无形的品质，不是你吃些什么就能得到的东西，但它可以被"开发"出来，"开发自信心"是对未来的重要投资，我们可以利用它创建自己的未来。

要时刻敢想敢说敢做，保持一种自信的良好状态，有时则可"不战而胜"。虽然自信心是一种心理表现，也可以认为是一种人的潜意识，人如果把自己的潜意识激发出来，那将是多么大的力量啊！相信自己能够成功，往往就能成功，这是人的意识在起作用。当意识做所有的决定时，潜意识则做好所有的准备。自信心帮助你走向自己的目标，从而作为潜意识挖掘你的能力，所以更要有自信心。

曾经听过这样一个故事：有个勤奋好学的木匠，一天去给法官修理椅子，他不但干得很认真很仔细，还对法官坐的椅子进行了改装。有人问他其中的原因，他解释说："我要让这把椅子经久耐用，直到我自己作为法官坐上这把椅子。"心想事成，这位木匠后来果真成了一名法官，坐上了这把椅子。这位木匠通过自己的努力，最终走向了自己的目标，更多的是自信心支持着他，敢想敢说敢做，这不正是潜意识中的自信激励他走向成功的吗？

自信可以使你从平凡走向辉煌。当你满怀信心地对自己说："我一定能够成功。"这时，人生收获的季节离你已不太遥远了。

自信的"信"就是一个人加上言，表示他一直站着，他一直在说："我是最好的，我是最棒的，我是最优秀的！"

站起来，不趴下，对自己说："我是最好的，我是最棒的，我是最优秀的！"这，就是自信！

自信，就是相信自己，这边风景独好！用心经营自己所拥有的一切，努力攀登下一个目标。自信是成功的首要前提，拥有自信，你将会成功一半。如果连自己都不能相信自己，别人的鼓励又能产生什么

作用呢?

自信,就是受到伤害和挫折不会被击垮,咬着牙露出藐视的微笑,尽管眼中闪着泪花!坚持着不倒下,让对方害怕,让困难却步!要常常想想自己的好,并且强化这种优秀的感觉,给自己更多的激励和肯定,把自己当做不断超越的目标,百分之百地相信自己!

做任何事情都是一样,都要相信自己,只有相信自己,你才能做好。相信自己,遵循内心的梦想努力实践,自身才会充满生命的能量,充满生命的激情。请相信自己,不论前途多么崎岖,它注定要为你延伸一条跨越山脉、走向成功之路。只要你勇敢地朝着希望的方向走,你就不会失败!

树挪死,人挪活

人生不是科学,也不是艺术,而是一种经历,是一种从幼稚走向成熟的经历。古人崇尚读万卷书,行万里路,这其中有一个道理:读书能丰富人的知识,却不能使人变得成熟,只有丰富的人生阅历才能使人成熟。

人的一生是一个追求真理、追求理想的过程。这个过程可快可慢,要想加快这个过程,关键是要见世面,见不同的人,做不同的事,不断地拓宽视野,不断地从中领悟真理。但是,人如果在一个地方待久了,他所接触到的人和事就固定了,这样,他的生活模式、思维模式和心理模式就都固定了。这个框框就好像是一口井,他每天在"井"里的生活只是在做简单的重复。不管这个人的志向有多么的远大,不管他会多么努力,只要他不跳出这口"井",他追求成功的过程会非常缓慢。

其实我们每个人都是一只"井底之蛙"！我们所能看到的，只是我们所在的那个井口围住的那一片天空而已。只不过在我们当中，有的人的井小一些，有的人的井大一些。

影响人生的另外一个重要因素是机遇。新的环境可以给人带来新的机遇，而有些机遇可以抬高人的起点。所以，当已经熟悉了所在的"井"里的环境后，就应该跳出这口"井"，去"井"外的世界看一看。

"树挪死，人挪活"这个道理人人都懂，但是很少有人把它作为一种生存智慧来认识。在今天的社会生活中，社会在变化，我们的生存方式也在变化，把自己一生固定在一个位置上，永远不变化，就会使自己的生命枯萎。

老老实实一辈子依靠一个单位的时代已经一去不复返了，在现代社会里，不断变换职业是司空见惯的事情。很多人一开始不习惯，但是，只要换一种思维就会明白，这种自由变化实际上增大了个人自由选择的空间，使各种各样的生活方式成为可能。你想干什么就可以干什么，你想怎么生活就可以怎么生活。但是，你必须找到你的生活所需的职业。

经济危机爆发，一些企业相继裁员，这时候敢于跳槽的人确实需要勇气，需要具有特殊的才能。现在，大家都已经认识到"绩效酬薪制"是大势所趋，按能力取酬是不可必免的现实。

那些真正的人才之所以要离开原来的企业和领导，主要是抱着"树挪死，人挪活"的信念：既然在这家企业或这个领导手下得不到重用，或许转到另一家企业或另一个领导手下就会得到重用。

如果你已下定决心换工作，那就好好思考一下未来的职业发展道路，确立一个适合自己的方向，可以求助职业咨询顾问。总之，跳槽

之前要有充分的准备，先想好是为了薪金的增长、个人爱好，还是为了更广阔的发展前景，然后再决定自己的目标。

不要误认为跳槽便意味着对过去的结束和否定，要积极处理好新旧职场里的各种关系，提炼出积极有用的东西，有利于今后的发展。

本来在一所大学教授英语的方小姐打算换到外企去工作。年前，她便向看好的几家公司投送了简历。果然，春节后上班没几天，就有三家公司通知她去面试。方小姐说，之所以选择在春天跳槽，是想以一个崭新的精神面貌开始新的一年，而且春天也有利于新旧工作岗位的交接。面对跳槽季节的诱惑与选择，有的人能够如愿以偿，越跳越高，有的人却闹得人仰马翻，重重摔一跤。如何做到理智跳槽？

职场中，应学会三思而后"跳"。正规公司在招聘时对应聘者的资历背景一般都有极其严格的要求，他们不喜欢频繁跳槽的应聘者。某知名企业的人事经理说，很多人的跳槽是盲目的，没有经过深思熟虑，对市场中的需求状况也不了解，往往出于义气用事，见异思迁，追求高薪水或定位不准。因此，在人才市场中，大部分人不是越跳越高，而是越跳越糟。

跳槽在今天虽是司空见惯的事，但求职者在确定跳槽之前还是要确定自己到底为什么要找新工作，三思而后行。弄清楚想换工作是因为性格不合，还是环境因素或人事问题。什么工作都会有压力，有时我们必须学会应付、适应环境，不妨留在现工作岗位观察一段时间，看它到底是否适合你。

人才专家还建议，跳槽者对于准备加入的行业应做充分的了解，切忌盲目地一哄而上。设计"跳高"的理想目标。跳槽不应只是对高薪或高一级职位的追求，而是对职业生涯进一步发展的追求。越跳越高，高的不仅仅是薪水和职位，更重要的是，使你的职业生涯步入高阶。每一次跳槽，都应该是对自己职业和发展目标的重新设定。

如果你已经下定决心换一个工作，不妨借此好好思考一下未来的职业发展道路，确立一个适合自己的方向，然后在此基础上去挑选新的工作岗位。当你对前途感到彷徨的时候，可以求助职业咨询顾问，或者去做一个职业素质测试，了解自己，准确定位。

有变化就有机会

古人云："大凡临事无大小，皆贵乎智。唯随机应变足以弭患济事者也。"要善于把握稍纵即逝的时机，就要学会随机应变的本领。随机应变不同于看风使舵，而是一种极其重要的技巧。做人应该有原则，随机应变应该是在坚持原则的前提下灵活地改变做事的方法、形式，而不是投机取巧。

时势在变，环境在变，生活在变，事态在变，人们赖以存活的工作更在变。在各种竞争环境变化挑战面前，无论你是何种角色都要有应变的本领，以不变应万变。生命在于变化，有变化又会产生活力，特别是在社会生活发展变化过程中，个人的生存也需要变化发展自己，在变化中发现自己，实现自己。

有句话说：想法改变命运。其实，这个"想法"说白了就是一种"变"。有"变"的想法不仅能改变你的生活现状，而且更能决定你一生工作与事业的成败和命运。孙悟空有七十二变，是改变命运的强者，我们每个人也有"七十二变"。"穷则变，变则通，通则久"，这可作为每一位成功人士的座右铭。这里的变，是一种机变，是一种处世的智慧与圆融。当一个人身处困境或停滞不前的时候，干等改变不了现实。

唯一的途径是变，变，变！许多人的好运也是变出来的。环境、思想、行动一变，命运也就会跟着变。每个人都会遭遇困境，越思考，越觉得没有出路，于是就越悲观绝望。

每一个人所处的环境，往往是自己所抱的态度造成的。所以，如果想改变生活，就必须得先改变自己的生活环境。如果坚持错误的观点，而不愿改变，恐怕再多的努力也是枉然。

下面的寓言故事就说明了这个问题：

动物园里新来了一只袋鼠，管理员将它关在一片有着一米高的围栏的草地上。第二天一早，管理员发现袋鼠在围栏的树丛里蹦蹦跳跳，管理员立刻将围栏的高度加到两米高，把袋鼠关了进去。第三天早上，管理员还是看到袋鼠在栏外，于是又将围栏的高度加到3米，把袋鼠关了进去。

隔壁兽栏的长颈鹿问袋鼠："依你看，这围栏到底要加到多高，才能关得住你？"

袋鼠回答道："很难说，也许5米高，也许10米高，甚至可能加到100米高——如果那个管理员老是忘了把围栏的门锁上的话。"

任何时候，不要总是抱怨环境、抱怨周围的人和事，很多时候，我们该反省自己，改变自己做事的态度。

一个心理学教授到疯人院参观，了解疯子的生活状态。一天下来，觉得这些人疯疯癫癫，行事出人意料，可算大开眼界。

返回时，发现自己的车胎被人卸掉了。"一定是哪个疯子干的！"教授愤愤地想，动手拿备胎准备装上。事情严重了——卸车胎的人居然将螺丝也都卸掉了，没有螺丝有备胎也装不上啊！教授一筹莫展。

在他着急万分的时候，一个疯子蹦蹦跳跳地过来了，嘴里唱着不知名的欢乐歌曲。他发现了困境中的教授，停下来问发生了什么事。教授懒得理他，但出于礼貌还是告诉了他。疯子哈哈大笑："我有办法！"

他从每个轮胎上面拧下了一个螺丝，这样就拿到三个螺丝将备胎装了上去。教授惊奇、感激之余还大为好奇："请问你是怎么想到这个办法的？"疯子嘻嘻哈哈地笑："我是疯子，可我不是'呆子'啊！"

其实，世上有许多的人，由于他们发现了工作中的乐趣，总会表现出与常人不一样的狂热，让人难以理解。许多人在笑话他们是"疯子"的时候，别人说不定还在笑他是"呆子"呢。

有的人遇到困境时不管怎么样，先找一件事情干起来，用行动代替思考。这样做，一方面可以摆脱不良情绪的影响，另一方面在行动过程中才能遇到改变困境的机会。

请看下面的这则下岗再创业的故事：

王玉梅是内蒙古乌达矿务局职工，1996年局里"优化组合"，矿务局考虑到她一家三口，儿子上初中，丈夫是个经受十多年结肠癌折磨的患者，全家人节衣缩食，仍欠债万元，所以没有把她列入一百多名下岗职工的名单。但王玉梅想，矿务局亏损严重，再"瞎马踩住一条路"，死抱着铁饭碗不放，要摆脱家庭困境只能是纸上谈兵，迟下不如早下，不如抓住机遇靠自己的双手，开出一条新路来。于是她主动提出下岗要求。

下岗后，矿务局分给王玉梅五亩林间地，零零碎碎竟有四十多块，王玉梅横下一条心，当年正月十四就冒着严寒开始整地，她每天早出晚归，饿了就舀一瓢凉水，就着大葱吃冷饼。一个多月后，硬是把地里的卵石、清水沙一担担送出去，把好土一担担挑回来重新填平，并把四十多块碎地连成二十多块整地。

地整好该下种了，王玉梅又从外地买回了小麦、玉米良种，因为不会种地，又没钱买农具、雇人帮忙，她就照着农业科技书，用锹、锄，一畦一畦开沟把小麦、玉米和蔬菜种好。她的苦干终于感动了丈夫。有一天，

 觉醒

丈夫拖着病弱的身子，特意为她做了烙饼和土豆炖红烧肉，步行近两小时，一路捂着给她送到地里。几个月里，她第一次在田头吃到热饭，百感交集的王玉梅禁不住哭出声来。功夫不负有心人。当年她的小麦、玉米亩产高达 550 公斤和 800 多公斤，种的萝卜收了 5000 多公斤。

初尝胜利的果实，更加坚定了王玉梅的信心。她在种植的基础上又开始搞养殖，买了六只小尾寒羊，养了八头猪。一年下来，种养总收入万元以上。下岗两年，她还清了所有债务，在田边盖起了人称"创业窝棚"的简易住房，今年又建起了能养一百多头猪的砖木结构棚舍，并安装了电话。

"我和我爱人是心劲儿越干越足，思路越干越宽了。"王玉梅满怀激情地说。她今年按照种养结合的思路，又承包二亩地，种了二亩小麦，四亩多玉米，一亩多甜菜、蔬菜，还在林间空地上种了七个品种四百多棵果树，准备再养五十多头猪。她自信地说："收入几万块应该问题不大。"

"她这步路是走对了。如果不知变通，还那么耗着，我家这日子早没法儿过了。"丈夫陈正君快人快语。王玉梅则深有感触地说："生活要靠自己。要是咱早干几年，那会是什么光景呢？"

看来，只要不等、不靠，顺时而变，就能在开阔的市场中创出一片天来。有很多人，面对生活困境只会抱怨社会不公平，看不上小事情，又干不了大事情，还没有干某件事情就先否定了，最终什么事情都没有干，也就失去了改变困境的机会。

变通并不是要丢弃原则，不可否认的是"变通"有很多时候是带有功利的，为了达到自己要的结果而采取中间策略，这就需要有冷静的头脑、敏锐的判断和丰富的观察能力，每件事情的解决都有很多途径，但是聪明的人就能拨开迷雾找到那条最适合的。当你取舍有度的时候，就知道自己该做什么、该要什么。

第二章

不惧竞争

> 老子曾经说过："唯不争，故天下莫能与之争。"然而这个道理只适用于"鸡犬之声相闻，老死不相往来"的古代社会，而不适用于全球化日益发展的现代社会。现代社会是一个残酷竞争的社会，不积极参与竞争，就一定会被超越甚至被吞噬。只有拥有十足的耐性、出众的策略、顽强的毅力和不屈的精神，才能在恶劣的环境中坚强地创造生存空间。

野心比实力更重要

无论是自然界还是人类社会，竞争和变化是常态，谁也无法回避竞争，只能置身其中。在竞争中脱颖而出，自身的实力固然很重要，但是没有敢为天下先的野心，实力就不能得到有效地发挥。"练好内功，勇于竞争"，是现代人成功的双翼。如果非要将这两个要素分出高下的话，那么"勇于竞争"的重要性还要大一些。

做少数富人，你需要转换思想，转变观念，拥有富人的思维，就是和大多数人不一样的思维。有人说得好:"换个方向,你就是第一。"因为大多数人都是朝向一个方向,用一样的思维指导一样的行为,就像羊群一样。要想在竞争中获胜,就不能做羊而要做狼。

狼是地地道道的天生的野心家,人生存的过程其实和狼一样,也是完成一个又一个人生目标的过程。没有野心的人只会是个一无所成的可怜虫,只会在越来越激烈的竞争中被淘汰。海尔董事局主席张瑞敏先生说:"狼的许多难以置信的战术很值得我们借鉴。其一是不打无准备之仗,踩点、埋伏、攻击、组织严密,很有章法;其二是选择最佳时机出击,保存实力,该出手时就出手,置对方于死地;其三是战斗中的团队精神,协同作战,为了胜利不惜碎身沙场,以身殉职;其四是永不言败,哪怕是瞎了一只眼,断了一条腿,狼依然是狼。"号称中国第一CEO的张瑞敏之言,立即在企业界掀起了狼文化探讨的高潮,大小企业纷纷仿效狼的精神,打造狼一样的团队。

成功不在于年龄,有的人成功早,有的人成功晚,关键在于敢于行动。四十出头的老秦一直喜欢摄影,曾经在北京一家国营图片社做营业经理,后来因为不如意,于1999年12月辞职了。

工作没有了,老秦的日子过得捉襟见肘,他觉得再在家闲着也不是办法,便想着自己开一家摄影店。

最初,老秦想开一家人像摄影店,但此时北京的人像摄影店已是遍地开花,如果再想在这个市场上分一杯羹,着实不是一件易事。正在老秦感到茫然的时候,他忽然想起了在图片社工作时遇到的一件事:

一天下午,一个年轻的女孩抱着一条狗进来了,问:"你们能不能给狗拍照呢?"当得知不能拍时,女孩沮丧地说:"怎么什么地方都不给狗拍照呢?"然后无奈地走了。

现在他又想起这件事,脑中不由灵光一闪:自己为什么不开一家宠物摄影店呢？虽然宠物摄影在国外和港台地区已不算新鲜事，但在中国内地，这还是一个没有人涉足的领域。可这一行到底有没有市场呢？老秦心中也没底儿。

老秦开始着手做市场调查。他走遍了北京的各个宠物商店，一到宠物店就跟别人聊宠物，问他们想不想给宠物拍照、多少钱能接受，等等。经过调查，老秦心里亮堂多了：北京养宠物的家庭每月花在宠物身上的钱至少在200元以上——这是一个多大的市场啊！老秦觉得这个市场足够自己扑腾了。

于是，老秦决心要开一家宠物摄影店。他在一家宠物商店的旁边租了一个小门面，然后精心装修了一番，挂了很多国外的宠物照片，把店里弄得非常别致、温馨。

2000年，专拍宠物的"老秦摄影店"开张了。因为这是中国内地第一家宠物摄影店，北京的很多媒体对此进行了报道，加之老秦的照片拍得趣味盎然，不少人都带着自己的宠物请老秦拍照，老秦的宠物摄影店居然比其他人像摄影店的生意好得多。由此，老秦很快步入了小康之列。

创业没有统一的标准可循，也没有固定的模式可鉴，关键是要有胆量，找到方法，敢于突破，再多的才能、再好的机遇也会在你畏首畏尾、犹豫不决中丧失，等到别人在生意场上笑傲江湖，你内心只会一声声的叹气，但这又有什么用呢。

在许多民营企业中，像娃哈哈的宗庆后、青春宝的冯根生、德力西的胡存中、正泰的南存辉……他们都没读过多少书，没有很高的学历，但一个个都能把所在企业引领到所属行业的主导地位，除了对市场敏锐外，还与他们的魄力、坚持和韧性有关。想当初他们创业时，周围的舆论和环境远没现在宽松，面对今后的未知和前景的莫测使得

觉醒

他们顾不上个人利益的得失，因此，他们完全是凭着没有退路、背水一战的胆量而最终成就事业，造就辉煌，虽然其间遭遇多重失败和挫折，但全当这些因素是今后成功路上的点缀和装饰，因而矢志不渝，坚忍不拔，多年积累的胆量可以说在他们人生经历中起到了举足轻重的作用。

如今，许多人拼命读书、拼命考证，其目的就是希望找到好工作、好饭碗，拥有高额的薪水和舒适的环境，在一张张充满朝气、激情洋溢的脸上，全然没有打算给自己造饭碗的豪气。学士、硕士、博士，一个个出来，都热衷于去给别人打工，尤其是给那些没读过几年书的老板鞍前马后使唤而乐此不疲。他们意识中没有创业的冲动，因为害怕失败和风险，因而胆量不足。

想当年，许多知识分子抱怨脑体倒挂，说不三不四的人发了财，言语中满是不平和愤慨，现在看来其实也不应有非议，为什么呢？在你安逸、稳定的环境里别人承担风险、忍受辛苦，他赚钱也是应该的，而你不敢冒风险，只是指点江山，隔岸观火，瞻前顾后，难道机会和幸运会走进你吗？成功者有时并不是靠专业严谨的知识和训练有素的功夫塑造起来的。

国际零售巨头八佰伴公司前总裁和田一夫，原来是一家蔬菜店的老板，曾是全世界商家景仰的英雄。1997年，快速扩张的日本八佰伴的意外破产使他一贫如洗。但年逾古稀的和田一夫痛定思痛后，又开始了重新创业，在一次会议上，和田先生强调说，市场发展就是不断创新和淘汰的过程，只有永远保持活力、持续创新的企业家和企业，才能坚强地生存下去。

诚然，白手创业会带来许多的不确定性，我们也推崇有的放矢，借力借势整合资源和人脉，而不鼓励冒冒失失单打独斗似的急功近利。要知道风险始终是存在的，不可能没有一点风险的事业。在创业路上，假如我们过分畏惧而裹足不前，就会丧失我们的未来。因此，建议想创业的朋友，千万别怕，练练胆量，勇往直前，只有雄心勃勃才会圆自己一个创业梦。

没有"不可能"，只有"敢不敢"

在我们的生活中的确有许多的"不可能"，在我们心头，它无时无刻不在侵蚀着我们的意志和理想，许多本来能被我们把握的机遇也便在这"不可能"中悄然逝去。其实，这些"不可能"大多是人们的一种想像，只要能拿出勇气主动出击，"不可能"就会因此变成"可能"。很多时候人们之所以不能成功，缺乏的并非才能和机遇，而是野心。一个穷人之所以不能成为一个富人也正是这个原因。

我们随时随处可以听到类似这样的话语："噢，我不行"、"我性格内向"、"我害怕与人交往"、"我的工作能力不行"……其实，这些评价和断语都是我们自己附加给自己的，都是缺乏信心的表现：一个人如果对自身的能力缺乏自信，即使其中掺有谦虚的成分，也无法使自己获得真正的成功，更不可能得到真正的幸福，因为健全的自信往往是导致成功的关键。

有一位年轻人，他在一家公司工作半年后很想了解总裁对自己的评价，虽然他觉得事务繁忙的总裁可能不会理睬，但这位年轻人还是决定要试一试，因此他便给总裁写了一封信。他在信中向总裁问了最重要的一个问题："我能否在更重要的位置上干更重要的工作？"

令他没想到的是总裁回信了，只对他最后的问题作了批示："公司

决定建一个新厂,你去负责监督新厂的机器安装吧!但你要有不升迁也不加薪的准备。"那封回信,还有总裁给他的一张施工图纸。但这位年轻人并没有经过这方面工作的任何训练,却要在短时间内完成任务,在一般人看来,这是非常困难的。年轻人也深知这一点,但他更清楚,这是一个难得的机会,如果自己因为困难而退缩,那么幸运永远也不会垂青于他。于是他废寝忘食地研究图纸,向有关人员虚心请教,并和他们一起进行分析研究。最后,工作得以顺利开展,而且还提前完成了总裁交给他的任务。

就在这位年轻人向总裁汇报这项工作进展时,他没有见到总裁。一位工作人员交给他一封信,信中说:"当你看到这封信时,也是我祝贺你升任新厂总经理的时候。同时,你的年薪比原来提高10倍。据我所知你是不能看懂这图纸的,但是我想看看你会怎样处理,是临阵退缩还是迎难而上。结果我发现,你不仅具有快速接受新知识的能力,还有出色的领导才能。当你在信中向我要求更重要的职位和更高的薪水时,我便发现你与众不同,这点颇令我欣赏。对于一般人来说,可能想都不会想这样的事,或者只是想想,但没有勇气去做,而你做了。新公司建成了,我想物色一个总经理。我相信,你是最好的人选,祝你好运。"就这样他被升为总经理这一职位。

类似的还有这样一个故事:

一个大富翁,他去世之前,对他的女儿说:"你用我的遗产,买下一辆宝马车,然后将它转卖出去,只卖一元钱。"说完便合上了眼。他的女儿十分惊讶,但这是她父亲的遗愿,便买了一辆宝马,然后在网上发广告,过了好久,没有一人来买,看见的人都说:"哪个人开这种玩笑,想要我,没门。"又过了两三天,一位年轻的美国人走进了她家,对她说:"这是一元钱,这辆宝马是我的了。"说着把钱给了她便开着车走了。

　　这就是成功者成功的重要原因之一,他们有一颗敢于尝试的心,他们不管结果是好是坏,是胜利还是失败,他们都去尝试,即使失败也从不灰心。因此,他们才会成为少数的成功人士。

　　从此刻起,当你想起某件不可能完成的工作或理想时,也建议你加个逗点:"不,可能"。"不"字可以立即否定你所存的不可能思想,而"可能"二字,则能点燃你心中亟欲完成目标的雄心。去掉盘踞在心中的任何"不可能"思想,代之以凡事皆有可能完成的绝对信心。你将会发现,当思绪脱离"不可能"的纠缠之后,强烈的欲望便可立即涌现,并开始促使你往绝对可能的成功领域迈进,最终获得你所盼望的成就。

天生我材必有用

　　真正成功的人生,不在于成就的大小,而在于你是否努力地去实现自我,喊出属于自己的声音,走出属于自己的道路。

　　也许我们现在很差,也许我们没有自信,也许别人不喜欢我们,也许别人瞧不起我们,不要伤心,不要气馁,因为如果你这样,只会让别人更瞧不起。

　　我们现在很差,没关系,以后加倍努力学习就行;我们没有自信,没关系,信心可以慢慢培养;别人讨厌我们,没关系,改变自己让别人喜欢;别人瞧不起我们,没关系,我们要自己瞧得起自己。命运在自己的手里,而不在别人的嘴里。

　　天生我材必有用,人只要来到这个世上,就必然拥有一方天地。

不要在意别人的眼光,不要在意自己的过去。我们的过去是抹不去的记忆,我们的现在是应面对的现实,我们的未来是憧憬中的幻影。放下心里的包袱,从现在开始,加倍努力,世界必将因你而精彩。

2008年的经济危机给大学生就业问题蒙上一层阴影,使原本已经严峻的就业形势雪上加霜。大家都知道这次经济危机并没有20世纪30年代的经济危机那样破坏力巨大,那次经济危机对于中国的影响有多大呢?为什么现在的大学生都认为在这次经济危机下工作难找呢?其实大家首先在心理上已经接受了这次经济危机会对自己产生巨大的影响,所以在找工作时便无意识地与经济危机联系起来了,开始变得杞人忧天。

其实经济危机和传染病一样,虽然具有很强的传染性,可是当我们做好防御措施,强身健体,那我们还需要害怕被传染病感染吗?天生我材必有用,经济危机奈我何,只要我们有真才实学,经济危机将无法给我们带来破坏,相反,将成为我们前进的一块垫脚砖。

有一位留学美国的计算机博士,毕业后在美国找工作,结果处处碰壁,接连被许多家公司排拒门外。有这样高的学历,有这样吃香的专业,为什么竟找不到一份工作呢?

在万般无奈的情况下,这位博士决定换一种方法试试,他收起了所有的学位证明。说也奇怪,很快地,他就被一家计算机公司录用,做一名最基层的程序记录员。这是一个稍有学历的人都不愿去做的工作,这位博士却做得兢兢业业,一丝不苟。

没过多久,上司就发现他才华出众:他居然能看出程序中的错误,这绝非一般记录人员所能比的。这时,他才亮出了自己的学士学位证书,于是老板为他调换了一个与他本科水平相匹配的工作。

过了一段时间,老板发现,他在新岗位上游刃有余,还能提出不少有价值的建议,比一般大学生还高明。这时,他又亮出自己的硕士学位证书,老板又提升了他。

有了前两次的经验,老板也比较注意观察他,发现他还是比硕士有水平,专业知识的广度与深度,都非常人可比,就再次找他谈话。这时,他才拿出博士学位的证书,并讲述了自己这样做的原因。老板这才恍然大悟,此后更是毫不犹豫地重用他,因为老板对他的学识、能力及敬业精神都已经了解,不需要再顾虑什么了。这位博士生先从基层工作做起,是一种策略,一种手段。因为他相信,只要有能力,自己绝不会被埋没。

每个人身上都埋藏着"天分"的种子,一旦结束冬眠就会发芽,只是太多的人几乎遗忘了它。认真挖掘这座属于你自己的宝藏,肯定会有意想不到的收获。谁都想依赖强者,但真正可以依赖的只有自己。前途不在别人手中,能拯救自己的只有自己。要想做成大事,就必须靠自己,而且,所有的事实都证明:"一切靠自己"是最明智的生存理念。

遇到难解决的问题时,需要朋友帮忙本无可厚非,但不能有依赖的思想。有时还不如自己做自己的观音——这往往能练就你分析和解决问题的能力。

有些人总认为冥冥之中的命运之神在左右着自己的人生,因此总是求助于神佛,求助于他人。其实,在人生的波涛中,首先想到的应该是自己,而不应是别人。因为别人是靠不住的,只有自己最可靠,拯救自己的只有自己。

哲学家苏格拉底曾被人贬为"让青年堕落的腐败者"。

贝多芬学拉小提琴时,技术并不高明,他宁可拉他自己作的曲子,也不肯做技巧上的改善,他的老师说他绝不是个当作曲家的料。

觉醒

　　达尔文当年决定放弃行医时遭到父亲的斥责："你放着正经事不干，整天只管打猎、捉狗捉耗子的。"他曾在自传上透露："小时候，所有的老师和长辈都认为我资质平庸，我与聪明是沾不上边的。"

　　爱因斯坦4岁才会说话，7岁才会认字。老师给他的评语是："反应迟钝，不合群，满脑袋不切实际的幻想。"他曾遭到退学的命运。

　　牛顿上小学时成绩一团糟，曾被老师和同学称为"呆子"。

　　罗丹的父亲曾哀叹自己有个白痴儿子，在众人眼中，他曾是个前途无"亮"的学生，考了三次艺术学院还没考上，他的父亲曾绝望地说：孺子不可教也。

　　《战争与和平》的作者托尔斯泰读大学时因成绩太差而被动退学，老师认为他："既没读书的头脑，又缺乏学习的兴趣。"

　　俄国作家契诃夫说得好："有大狗，也有小狗。小狗不该因为大狗的存在而心慌意乱。所有的狗都应当叫，就让它们各自用自己的声音叫好了。"

　　一个生长在孤儿院中的男孩儿，常常悲观地问院长："像我这样没有人要的孩子，活着究竟有什么意思呢？"院长总是笑眯眯地对他说："孩子，别灰心，谁说没有人要你呢？"

　　有一天，院长亲手交给男孩儿一块普通的石头，说道："明天早上，你拿着这块石头到市场去卖，但不是真卖。记住，无论别人出多少钱，绝对不能卖。"男孩儿一脸迷惑地接下了这块石头。

　　第二天，他忐忑不安地蹲在市场的一个角落里叫卖石头。出人意料地，竟然有许多人要向他买这块石头，而且一个比一个价钱出得高。男孩儿记着院长的话，没有卖掉。回到院内，他兴奋地向院长报告。院长笑笑，要他明天拿着这块石头到黄金市场去叫卖。在黄金市场，竟然有人出比昨天高出十倍的价钱要买那块石头，男孩拒绝了。

最后，院长叫男孩子把那块普通的石头拿到宝石市场上去展示。结果，石头的身份比昨天又涨了十倍。由于男孩儿怎么都不卖，这块石头被人传扬成"稀世珍宝"，参观者纷至沓来。

男孩儿兴冲冲地捧着石头回到孤儿院，他眉开眼笑地将一切情景禀报给院长。院长亲切地望着男孩儿，徐徐地说道："生命的价值就像这块石头一样，在不同的环境下就会有不同的意义。一块不起眼的石头，由于你的珍惜而提升了它的价值，被说成是稀世珍宝。你不就像这块石头一样吗？只要自己看重自己，自我珍惜，生命就有意义，有价值。"

这世上信心不足的人数和营养不良的人数一样的多。信心不足这种"疾病"会使人把自己约束在昨日的生活模式之中，而不敢轻易尝试突破现状的努力，过着没有明天，没有希望的日子。营养不良，会使人身体无法正常发育；同样地，信心不足会使人能力天性无法得到充分发挥。

不同的是，营养不良有药可医，而信心不足必须靠自身努力来医治，只有靠自己培养对自己能力的肯定与信赖，才能提高自信力。

相信自己，加倍努力，正确定位，因为天生我材必有用！

成功贵在坚持不懈

要想做成任何一件事情，信心、恒心、耐力是前提。就像行走在无边无际的沙漠中，只有坚持的人，才能找到绿洲，取得水源，获得生机。可见，坚持是我们战胜困难的源泉，实现成功的动力。荀子说："骐骥一跃，不能十步，驽马十驾，功在不舍。"也是强调坚持不懈的

 觉醒

重要意义。

在追求的道路上,有的人浅尝辄止,遇到困难、挫折或失败,他就掉头离去,绝大部分错过成功的人是因为缺少持之以恒的精神。那些最终取得成功的人都是在碰到挫折时,没有怀疑自己,更没有就此放弃,而是潜心分析失败的原因,重整旗鼓,再来一次!正是在这种锲而不舍的精神动力支持下,他们最终得到了成功之神的垂青。

2008年,第29届奥运会在北京成功举办,是我们国家坚持不懈申办的结果。再看看那些获奖的运动员,哪一个不是长年坚持训练用辛勤汗水换来的成果。

俗话说:"台上一分钟,台下十年功。"凡事没有经过认真、刻苦的努力与积累,不可能一蹴而就。

从17岁到29岁,只有"坚持"最终伴着陈艳青第二次登上奥运最高领奖台,"坚持"已让她变为传奇。大家都知道,女子举重是年轻的赛场,这从此前强大的中国女举从无人在奥运卫冕就是明证。陈艳青在29岁的时候做到了,百分之百的成功率居然让这伟大的时刻,看起来没有惊心动魄的壮观场面。当陈艳青凝重地走上举重台时,很多人都不知道,她曾三度想过放弃这项事业。

这位"练得没了七情六欲"的老将说,她想回趟家,想谈场恋爱,想攻读个学位。平静的陈艳青,平静的奥运卫冕冠军,她只在跟自己进行着一场比赛,对手只有匆匆流逝的时间和曾经迟疑的决心。当她决定坚持下去时,就没人再挡在她的前面。

"为山九仞,功亏一篑。"只要坚持,那一个个拦路虎似的困难都必将倒在我们的脚下。

2005年10月1日,缉毒英雄罗金勇与妻子罗映珍回家探望父母。在半路上,罗金勇遇到了3名毒贩,他临危不惧,与其进行了殊死搏

斗。最后因寡不敌众身受重伤，成了"植物人"。从那以后，罗映珍肩负起了照顾丈夫的责任，不离不弃，精心呵护，无怨无悔。每天早上5点，罗映珍便准时起床，以打果汁、煮粥作为一天的开始，在晨曦中带着做好的果汁和粥赶到医院，为丈夫洗脸、刷牙、按摩、擦拭身体、喂食……每天晚上罗映珍回到自己的住处，都已经是深夜一点多。

她每天坚持全身心地守候在丈夫身旁，和丈夫说话，并含泪写下了600多篇爱的日记，用日记呼唤着丈夫意识深处的觉醒。她在日记中写道："我相信只要你有坚强的信念，你就能挺过来，意念可以创造奇迹，我们只有两条路可以选择，要么坚持，要么放弃，我选择继续坚持。"

正是这种坚定的信念，使罗映珍一次又一次地战胜了心中的悲伤，点燃了内心的希望。日复一日、年复一年，不知不觉几个年头过去了。终于有一天，罗金勇从深度昏迷的植物人状态中苏醒过来，他能眨眼了，并且能开口讲"你好"、"是"、"累了"等几个简单的字，并在特殊的体位下能喝水。

见证了这个奇迹的人们都说，是罗映珍的坚持和爱，唤醒了沉睡的丈夫。

2005年，罗映珍被推荐为全省人口和计划生育先进工作者，被中共临沧市委、永德县委授予优秀共产党员荣誉称号，被永德县委、县人民政府表彰为见义勇为先进个人。2006年，她被评选为感动云南十大人物。2007年，全国妇联、云南省妇联分别授予罗映珍三八红旗手荣誉称号。

任何人的命运都掌握在自己手里，你要成为一个什么样的人，取决于你是否坚持走自己选择的路。

冰心老人说："成功的花儿，人们只惊于她现时的明艳，殊不知，

 觉醒

她当初的芽儿,浸透了血和泪花。"

没有坚持到底的信心只能徘徊于成功的门外。成功就像美艳的花,需要辛勤的培育,这是一个不断追求、坚持到底的过程。

古希腊哲学家苏格拉底在给学生上第一节课的时候,对学生们说:"今天咱们只学一件最简单也是最容易做的事。每人把胳膊尽量往前甩。"说着,苏格拉底示范了一遍,"从今天开始,每天做300下,大家能做到吗?"学生们都笑了,这么简单的事,有什么做不到的!

过了一个月,苏格拉底问学生们:"每天甩300下,哪些同学坚持了?"有90%的同学骄傲地举起了手。又过了一个月,苏格拉底又问了一遍。这回,坚持下来的学生只剩下八成。一年后,苏格拉底再一次问大家:"请告诉我,最简单的甩手运动,还有哪几位同学坚持了?"这时,整个教室里,只有一人举起了手。这个学生就是后来成为古希腊另一位大哲学家的柏拉图。

坚持就能成功,成功贵在坚持。珍贵的雪莲总开在万丈冰崖之上,只有那些不畏严寒、坚持不懈的人才能得到;绝美的风景总藏在陡峭的险峰之巅,只有那些敢于攀登、不断超越的人才能欣赏得到。

成功是经受住冰刀霜剑的洗礼,从坚硬的土壤中钻出的第一棵新芽;成功是穿越了狂风巨浪的阻挡,安全抵达海港的风帆。成功的获得,需要一种百折不回的自信。其实,人生的过程就是一个不断坚持、不断积累的过程。"合抱之木,生于毫末;九层之台,起于垒土;千里之行,始于足下。"只要有不断坚持走下去的决心和毅力,每个人都能够抵达心中的目标!

莫焦躁,莫惊慌,莫灰心,沉着冷静,夺取最后的胜利。人应当有百折不挠的精神。生命像一粒种子,只有今生才能耕种,把握今生今世!持之以恒、永不放弃是所有有"野心"成大业者的共同个性特

征。他们不管遇到多少艰难险阻，不管遇到多少讥讽反对，总是会矢志不渝地坚持下去。

辛苦的工作不会使他们烦恼，恶劣的处境不会使他们气馁，反复的探索不会使他们厌倦，迷人的诱惑不会使他们动摇，无情的打击不会使他们改变。"不懈追求，永不放弃"已经成了他们生命中的一部分，只要生命不息，他们就会奋斗不止。

尼克松说过："我不怕失败，因为我知道还有未来。"众所周知，由于"水门事件"，尼克松总统被迫辞职。从辞职到他逝世前的 20 年中，他经历了巨大的精神折磨。突然降临的失落与忧愤，媒体的穷追猛打和冷嘲热讽，熟人朋友们则避之不及，使 62 岁的尼克松患上内分泌失调和血栓性静脉炎，医生说他基本上是一个废人。

但是，尼克松却坚持不懈连续撰写并出版了《尼克松回忆录》、《真正的战争》、《领导者》、《不再有越战》和《超越和平》等一系列畅销全球的著作，以在野身份继续关心和介入美国内政外交，直到生命的终点。

人生之途，青春的脚步，莫让年华付水流。倘若停下脚步，去哀叹人生，诅咒命运，即使将开启命运的金钥匙交给你，也难以打开好运的大门。手上紧握勤俭这把钥匙，自强不息，奋斗不止，命运女神自然会向你靠拢，你自然会享受成功的喜悦，退一万步说，即使不成功，也于心无愧，没有枉费人生。

身体是竞争的本钱

人的一生，首先应该对自己的生命负责，因为生命对于我们只有

一次！不要当生命走到尽头时才倍加珍惜，享受人生，必须善待生命。人生与浩瀚的历史长河相比，可谓短暂的一瞬。权势是过眼云烟，金钱乃身外之物。珍惜生命，拥有健康才是人生最宝贵的财富。

一位野心勃勃的男子，看着只有1000元的存折心想，如果我能让存款再多两个零多好。接着他努力地工作，没有多久，终于实现了他的目标。

男子看着他10万元的存折又想：若能再多两个零、四个零不就更棒了吗！男子更努力工作了，他希望能创造无数个零，让自己成为富翁。往后的日子里，他日以继夜、不眠不休地工作，经过长时间的努力，终于达成自己的心愿，成为一位大富翁。但是，这个时候富翁却病倒了。此时，他这一生所创造的"0"也跟着倒下了！

这个故事里的"1"代表的就是我们的健康，这个"1"倒了，有再多的"0"都没有任何意义。试想，没有一个健康强壮的体魄，我们还能做什么呢？健康强壮的身体才是一切的资本。没有一个健康强壮的体魄，就不可能谈及其他。

生不过一瞬间，死不过一瞬间，生活却不是一瞬间。做任何事情都要对自己的生命负责，因为从你出生的那刻起，你的生命就不仅仅属于你自己。属于许许多多爱你的人，属于时时刻刻都在关心着你的人。漫漫人生路，时刻都要想到周围的人都是爱你的人，谁也不要抛下谁。

当你高度重视自己的生命质量时，你就不会虚度此生，你就不会碌碌无为，你就会拒绝平庸，你就会追求优秀，你就会真的在某一方面成为佼佼者，得到成功！

生命是短暂的、无常的，没有一个人敢保证自己能够活到明天，所以每个人都应该学会珍惜，学会充分利用生命的价值。

追寻你的梦想，去你想去的地方，做一个你想做的人，因为生命只有一次，亦只有一次机会去做你所想做的事。

前些年，有一本名为《好好活着》的书籍很是畅销。

有些人可能会问，活着就活着，好好活着难道有什么特殊吗？

是的，所有的人都"活着"，但"活"的质量有高有低。对于一个追求成功者来说，既然活就要活出高质量来。

我们大多数人可能都会经常性地考虑一个问题，即人活着到底为了什么？

可能你会说："人活着就是为了发展成功。"

发展成功可以是一个人生活的终极目标，但是，我们这里所说的"发展成功"，还是比较抽象的、模糊的。发展成功并不是指纯粹的成果，而是指比这更难做到的功业，即如何使你的生活过得更有意义，更有效率。所以，一个成功者给自己定下的目标应该是：过成功的生活，成为有创造力的人。

所以说，发展成功可以是人一生的终极目标，而愉快地生活着则是成功的终极目标。

依着这个标准，我们又可以说，凡是能够愉快地生活着的人，都是发展成功的人。他可能没有很多钱，也没有显赫的地位，没有远播的名声，但他能够愉快地生活，能够邀来愉快和保持愉快，他就是成功的。这即是所谓的"愉快生活原则"。

人生的意义在于获得幸福。无论是禁欲主义者，还是享乐主义者，他们都在追求属于自己的幸福。只是因为人类对幸福的认识和感觉有区别，所以好像有的人在追求幸福，有的人在追求不幸而已。有人说："你的心态就是你真正的主人。"要想改变世界，首先就要改变自己的心态。要学会让自己拥有一种积极、健康、平和的心态，才能过上从

 觉醒

容、幸福、快乐的生活。

在社会生活中，每个人面临的困境都是不同的，但是，不论什么样的困境，只要以快乐的心态面对就能够使自己的生活充满阳光。

有一位旧书摊主，是个五十岁左右的中年男人，头发已有点白了，虽然他看上去满脸疲倦，但他脸上却始终挂着一种温暖而平和的微笑。他的生意不是很好，但他脸上的微笑从没因此收敛片刻，他依然笑对着每一位从他书摊前经过的人，犹如一道令人心动的风景。

他原本在这座城市里一家有名的企业上班，但他下岗了，更不幸的是妻子又遭车祸，至今仍躺在床上，使本已小康的生活跌入贫困的深渊，再加上一个读高三的女儿，没办法，只好出来弄点旧书卖，成本不高，周期短，能赚多少算多少，只求能把这个家支撑下去。

他现在的住房很小，他本来有套宽敞的住房，但为了妻子的医药费卖掉了。凡是到他家里去过的人都会被他妻子的笑脸所感动，他妻子的微笑正如他示人的微笑一样温暖而平和。从这张笑脸上根本找不到那种重伤在身、贫困交加的人所表现出来的厌世、焦躁、淡漠与敌视的神情。那张脸虽清瘦苍白，但洋溢出的微笑却如花般灿烂，使整个房间弥漫着一种醉人的温馨。他们好像完全不顾忌外人在旁，他坐在他妻子身旁，微笑着问她好点没有，她妻子也微笑着抚摸着他的脸，问他累不累，那情景让人羡慕而感动。此时，他的女儿放学回来了，她身上散发着一种青春的活力，脸上也挂着微笑，在那份温暖和美丽的微笑中每个人都能够读出一种自强与希望。

他们一家人为什么在接踵而至的不幸中，仍能示人以如花般的微笑？这就是快乐的心态！每个人都能够感受到那种蕴涵在微笑后面坚实的、无可比拟的力量——那是一种对生活巨大的热忱和信念，一种高格调的真诚与豁达，一种直面人生的成熟与智慧。只要具备了这种

淡然如云、微笑如花的人生态度，那么，任何困境和不幸都能被锤炼成通向平安幸福的阶梯。

在一所很闭塞落后的山村小学，一位四十出头的学校女教师取得了极大的教学业绩。繁重得令人难以想像的超负荷的工作，连医生都束手无策的痼疾，再加上接二连三的家庭变故，都没有褶皱她的肌肤，没有留下点滴憔悴的影子。她那红润的、泛着青春光泽的容颜，实在令人惊讶不已。当有人问道："你有什么养颜秘方吗？"她莞尔一笑："有啊，就是心中时时充满爱意。"

有一位中年妇女，在街道摆了一个修鞋摊，虽然每天辛辛苦苦，也挣不了多少钱，但她却生活得很快乐。她修鞋已有十几年了，她钉鞋掌，用的皮子不是旧轮胎，而是轮胎厂机器上下来的新皮子，是她自己花钱从轮胎厂买来的。她说："人活着，为人最重要，活就要活个人格。给人修鞋，就跟人吃饭一样，你能吃了这顿不吃下顿吗？你今天把人家糊弄走了，人家明天还来吗？这人不同，过的日子也不同。什么都不缺了，也不见得有好心情，我们这儿天天劳动，吃点苦，受点累，挣点吃喝，从早到晚，老有人在这儿坐一坐，聊一聊，挺乐的。"

劳动本身就是一种快乐，为别人付出也是一种快乐！快乐的心态是由对生活的爱产生出来的，热爱生活，热爱劳动，就能够在一个人的心里产生出无比强大的力量，从而面对困境而不屈服。所以，热爱生活才是生存的根本智慧。

烦恼是自寻的，快乐是自找的。健康的心理就是善于发现快乐，幸福就是自己想快乐。快乐的人，其实并没有什么特别值得快乐的理由，但是他们似乎随处都可以找到快乐。时常知足是快乐之本，世上没有十全十美的东西，随遇而安就会快乐无比。

 觉醒

永远不要等待明天

在我们的生活中,很难有完整时间让我们专心去做某件事。解决这个问题还有其他的途径。例如,公休时间,一早一晚等,都可以使我们去完成。时间是挤出来的,不是等出来的。

明日复明日,明日何其多,我生待明日,万事成蹉跎。人的一生中,有很多计划没有实现,就是因为应该说"我现在就去做,马上开始"的时候,却说"我将来有一天会开始去做"。"现在"这个词对成功的妙用无穷,而用"明天"、"下个礼拜"、"以后"、"将来某个时候"或"有一天",往往就是"永远做不到"的同义词。

我们就用储蓄的例子来说明好了。人人都认为储蓄是件好事。虽然它很好,却不表示人人都会依据有系统的储蓄计划去做,许多人都想储蓄,但只有少数人才能真正做到。

这里是一对年轻夫妇的储蓄经过。小王每个月的收入是 2000 元,但是每个月的开销也要 2000 元,收支刚好相抵。夫妇俩都很想储蓄,但是往往会找些理由使他们无法开始。他们说了好几年,"加薪以后马上开始存钱","分期付款还清以后就要……","渡过这次困难以后就要……","下个月就要","明年就要开始存钱。"

最后还是他太太不想再拖。她对爱人说:"你好好想想看到底要不要存钱。"他说:"当然要啊!但是现在省不下来呀!"

王太太这一次下决心了。她接着说:"我们想要存钱已经想了好几年,由于一直认为省不下,才一直没有储蓄,从现在开始要认为我们可以储蓄。我今天看到一个广告说,如果每个月存 100 元,15 年以后

就有 18000 元，外加 6600 元的利息。广告又说：'先存钱，再花钱'比'先花钱，再存钱'容易得多。如果你真想储蓄，就把薪水的 10% 存起来，不可移作他用。我们说不定要靠饼干和牛奶过到月底，只要我们真的那么做，一定可以办到。"

就这样，他们为了存钱，起先几个月吃尽了苦头。现在他们倒觉得"存钱跟花钱一样好玩"。

梦想是成功的起跑线，决心则是起跑时的枪声。行动犹如跑步者全力的奔驰，唯有坚持到最后，方能获得成功。时时刻刻请记住富兰克林的话："今天可以做完的事不要拖到明天。"这也就是我们中国俗话所说的："今日事，今日毕。"歌德说："把握住现在的瞬间，从现在开始做起。只有勇敢的人身上才会赋有天才、能力和魅力。因此，只要做下去就好，在做的历程当中，你的心态就会越来越成熟。只要能够有了开始，那么，不久之后你的工作就会顺利完成了。"

人的一生，有三件事不能等。

第一是"贫穷"。

贫穷不能等。一旦时间久了，你将习惯于贫穷，久而久之，不但无法突破自我，甚至会抹杀自己的梦想，庸庸碌碌地过一辈子。

第二是"梦想"。

梦想不能等。人生不同阶段，会有不同经历和想法，试想一个问题：如果你 20 岁时的梦想在 60 岁时才得以实现，那是什么情况呢？

比如说，你 20 岁时梦想是希望买到一辆法拉利跑车，去郊区狂飙。你一直努力工作，好不容易到了 60 岁，总算买得起跑车，但要实现年轻时的梦想，恐怕也是心有余而力不足。

第三是"家人"。

家人不能等。或许我们还年轻，未来有很多时间可以让我们摸索、

打拼。可我们的家人呢？他们还有时间等我们成功吗？还有时间等我们赚到钱，让他们过上好日子，让他们以我们为荣吗？

85岁高龄的老画家齐白石，每天坚持作画，从不间断。有一天，风雨大作，他心情不好，没有作画，整日坐卧不安。第二天，雨后天晴，阳光灿烂。他一早起来，推开窗口，见到这样大好时光，情绪来了，早餐也不吃，拿出文房四宝，泼墨绘画起来。他一连画了四张条幅，直到午饭的时间到了，他还在埋头作画，不肯休息。待画完最后一张时，他在画上题词道："昨日大风雨，心绪不宁，不曾作画，今朝制此补充之，不教一日闲过也。"

"不教一日闲过"，这话成了鼓舞多少人前进的座右铭，说出了"业精于勤"的道理。一个85岁的老人，做到"不教一日闲过"，实为感人！我们更应该珍惜每一寸光阴，珍惜生命，不教一日闲过，使每一天、每一时都过得充实而有意义。

有人说，"每一个勤勉的日子都会有收获，每一个悠闲的日子都会有代价"。时间是最公正的，你今天付出的多，它明天回报的也多。应该说，每个人的智商都相差无几，谁在学习与思考上投入的时间多，谁的收获就大，进步就快。

时间是有限的，然而在有限的时间里合理安排工作可以事半功倍。张平是一个部门主管，每天醒来就一头扎进工作堆里，忙得焦头烂额，寝食不安，整个人都快要崩溃了。于是，张平去请教一位成功的公司经理。

来到这位公司经理的办公室时，张平看见他正在接听一个电话。听得出来，和他通话的是他的一个下属，这位经理很快就给对方做出了工作指示。刚放下电话，他又迅速签署了一份秘书送进来的文件。接着又是电话询问，又是下属请示，公司经理都马上给予了答复。

半个小时过去了,终于再也没有他人"打扰",这位公司经理于是转过头来问张平有何贵干。张平站起身来说:"本来我是想请教您,身为一个全球知名公司的部门经理,您是如何处理好那么多的工作的,但现在不用了,您已经通过您的行动给了我一个明确的答案。我明白自己的毛病出在哪儿了,您是现在就把经手的问题解决掉,而我却无论遇到什么事,都先接下来,等一会儿再说。结果您的办公桌上空空如也,而我办公桌上的文件却堆积如山。"

实践表明,拖延时间的心理只会使我们在"现在"这个时段更加懦弱,并期待于幻想。也就是说,我们总是希望情况会有所好转,但却始终无法成功。如果利用"现在"做一些自己愿意做的事情,或者充分发挥自己的思维能力,我们就永远不会厌倦工作和生活。

一个人要想成就事业,就得特别能吃苦。吃苦是积累资本、挑战机遇、收获硕果的内动力。要挤出时间学习,就应该简化生活,专注事业,少操一些不该操的心,少劳一些不该劳的神。当然,简化生活并不是说不顾惜身体,把身子拖垮,而是提倡把人生追求的重心放在事业上。

想不想写信给一个朋友?如果想,现在就去写。想不想给一位好久没联系的老同学打个电话?如果想,那么赶紧打吧。有没有想到一个对于生意大有帮助的计划?如果想到了,马上开始行动吧。

盲从是最大的迷失

几乎所有的人都有追"风"的习惯,他们总是因为别人的看法或做法去做某件事,总是喜欢赶时髦。结果,就变成了一个盲目跟风的

 觉醒

人。其实,要想成为一个成功者,必须先是个不盲从跟风的人。

心理学告诉我们,人大都有一种大众趋同心理。所以我们在生活中,常能听到有人说:我什么时候和某人一样就好了!其实,你的人生是你自己的,跟别人又有多少关系呢?要知道,每一个个体生命从生命的本质上来说都是孤独的。

我们每个人都是世上独一无二的,你就是你自己,你无须按照他人的眼光和标准来评判甚至约束自己,你无须总是效仿他人。保持自我本色,这是拯救自己最重要的一点。你心灵的完整性是不可侵犯的,当你放弃自己的立场而想用别人的观点去看一件事的时候,错误便出现了。

我们不能丢掉自己身上最好的东西去盲目模仿别人,把自己变成别人的影子。人们只有在找到自我的时候,才会明白自己为什么会到这个世界上来、要做些什么事、以后又要到什么地方去等这类问题。

那么,在我们面临人生的重大选择时,对可能遇到的风言风语应该有一定的心理准备。如果我们已经受到了这方面的影响,就需要从其中挣脱出来。

真正伟大的成功者,大多数萌生于战胜环境和战胜自我的过程中,他们从不被别人的价值标准所左右。这时候,你就可以想想,面对可能遇到的失败,再伟大的人物也可能有忧虑,但这些忧虑无论如何也不能使我们产生绝望的态度。而如果突破不了这一点,你真的就让环境打败了,你的人生也就失败了。

也有人认为,那些不随波逐流的人,通常是一些古怪、喜欢哗众取宠或喜欢标榜自己"与众不同"的人。大家通常不会赞赏一个留长胡子的人,或一个在大街上打赤脚的人,或穿着T恤参加正式宴会的人,或在剧院内抽雪茄的女士,认为他们像动物园里的猴子一般,文

明程度不高。

当前不随波逐流的人好像真不多,他们在受到别人攻击的时候总能坚持到底,不受大众化的影响,这确实需要很大的勇气。

某个社交聚会上,在场的人均赞成某个观点,只有一位男士表示异议。他先是客气地不表示意见,后来因为有人单刀直入地问他的看法,他才微笑道:"我本来希望你们不要问我,因为我是与各位站在不同的一边,而这又是一个愉快的社交聚会。但既然你们问了我,我就把自己的看法说出来。"接着,他便把看法简要地说明了一下,立即遭到大家的围攻。但是他坚定不移地固守自己的立场,毫不让步。结果,他虽然没有说服别人同意他的看法,却赢得大家的尊重,因为他坚守自己的信仰,而没有做别人思想的"应声虫"。

所以说,你的人生是你自己的,每个人的命运都掌握在自己的手中,每个人都可以做出惊世骇俗的业绩,关键就在于你敢不敢重用自己。你的人生中早就孕育着成功的种子,你现在要做的,就是让它早早发芽、生根、开花、结果,你的发展只能靠自己推动,而不是考虑别人会怎么说。

也许一个人盲从的性格与习惯与从小受到的传统教育有关,但是长大离家后完全可以靠后天的努力来改变。王亚就是这样一个人,她认为:"改变了心情,就改变了世界。"

王亚从小就非常害羞,她的体重过重,加上一张圆圆的脸,使她看起来更显肥胖。她的妈妈十分守旧,认为王亚无须穿得那么体面漂亮,只要宽松舒适就行了。所以,她一直穿着那些朴素宽松的衣服。她从没参加过什么聚会,也从没参与过什么娱乐活动,即使入学以后,也不与其他小孩儿一起到户外活动。因为她怕羞,而且已经到了不可救药的程度,她常常觉得自己与众不同,不受他人的欢迎。

觉醒

　　长大以后,王亚结婚了,嫁给了一个比她大好几岁的男人,但她害羞的性格特点依然如故。婆家是个平稳、自信的家庭,他们的一切优点似乎在她身上都无法找到,生活在这样的家庭之中,她总想尽力做得像他们一样,但就是做不到。家里人也想帮她从禁闭中解脱出来,但他们善意的行为反而使她更加封闭。她变得紧张易怒,躲开所有的朋友,甚至连听到门铃声都感到害怕。她知道自己是个失败者,但她不想让丈夫发现,于是,在公众场合她总是试图表现得十分活跃,但事后她又十分沮丧。因此她在生活中失去了快乐,她看不到生命的意义,她想到了自杀……

　　后来,王亚并没有自杀,那么是什么改变了这位不幸女子的命运呢?"是一段偶然的谈话改变了我的整个人生。"王亚继续说道:"一天,婆婆谈起她是如何把几个孩子带大的。她说'无论发生什么事,我都坚持让他们秉持本色'。'秉持本色'这四个字像黑暗中的一道闪光照亮了我。我终于从困境中明白过来——原来我一直在勉强自己去充当一个不大适应的角色。一夜之间,我整个人就发生了改变,我开始让自己学会'秉持本色',并努力寻找自己的个性,尽力发现自己究竟是一个什么样的人。我开始观察自己的特征,注意自己的外表、风度,挑选适合自己的服饰。我开始结交朋友,参加一些社区活动,他们第一次安排我表演节目的时候,我简直吓坏了。但是,我每开一次口,就增加了一点勇气。过了一段时间,我的身上终于发生了变化。现在,我快乐多了,这是我以前做梦也想不到的。此后,我把这个经验告诉孩子们,这是我经历了多少痛苦才学习到的——无论发生什么事,都要秉持自己的本色!"

　　我们每个人的生活面貌都是由自己塑造而成的,如果我们能学会接受自己,看清自己的长处,明白自己的短处,便能踏稳脚步,达到

目标；这样就不至于浪费太多时间和精力，独自苦恼。

不能保持自己的本来面目，是人性中的一种普遍现象，这也是造成许多精神衰弱症、精神异常或精神错乱的根源。不能表现出自我本色者注定要失败，而且失败得很快。

所以，我们既然已来到世上，就应庆幸自己是世上独一无二的，应该把自己的禀赋发挥出来。你是什么就唱什么，是什么就画什么。经验、环境的遗传造就了你的面目，无论是好是坏，你都得耕耘自己的园地；无论是好是坏，你都得弹起生命中的琴弦。

在我们创业的时候，听取别人的意见、建议、想法甚至具体的创业的方法，是可取的。因为不同的人，在考虑问题的时候有不同的思路，所以，别人的建议可以给你提供另外一种思路，以供你在创业的时候做参考。对于别人所提议的好的见解，你尽可以听，也可以好好想一想，现成的经营思想中，有哪些在稍加扩展和改进之后就可以用在你的创业设想之中。

当你想做一件事情的时候，当你想创业的时候，你到处都会遇到忠告，你的邻居、你的亲戚、你的同学、你的同事、你的上司、你的下属，差不多你所认识的每一个人，都会热心地给你忠告。你做每一件事情都可能会听到忠告，你找了一个工作，你新买了一家公司的股票，你最近买了一样家具，你给孩子找了个家教，忠告几乎遍及你生活中的每一件事情，你至少拥有一打以上的热心、自愿且不用支付薪水的"顾问"，这些人来帮你出谋划策。

你需要清醒的是，你的"顾问团"成员往往也仅仅知道事情的一点皮毛而已，尤其是在创业方面。道理很简单，如果他们的想法真的如他所说的那么好，那自己干吗不去做，而要将这么好的一个想法提供给你？如果你是一个心理上不很成熟的人，往往会盲从这些自我推

 觉醒

荐、自告奋勇而且属于"义务者"的顾问们的忠告。你不相信自己，对这些三流、四流甚至不入流的人物言听计从，这岂不是你人生的悲剧？

不走别人走过的路

在这个世界上，人活着就要勇敢去追逐自己的梦想。当你面对烦恼与痛苦时，你一定要记着自己的路要靠自己走，自己的一切不愉快的事情需要自己去解决。要掌握人生的主动权，不要把自己陷于被动，不要有强烈的自卑感。要敢于释放自己的情怀，一定要大胆，没有什么大不了的。

放开自己的心胸去闯一闯，不要抱着什么包袱与压力，不要理会别人怎么去说。要干一番大事业，不能总是左顾右盼、前怕狼后怕虎，要有一种向上进取的心理，"走自己的路，让别人去说吧"！

希望具有激发人产生动机并付诸行动的魔力。希望是预期获得所想要的事物的欲望加上可以得到这件事物的信心，一个人只要具有某种希望和欲望，而且确实相信它，就能激发起行动把它变成现实。一个充满希望、有强烈欲望并有坚定信心的人，肯定是一个极端热忱的人。

让我们在这里重温一下探险之王哥伦布的传奇：

当水手们在寻找新大陆的航行中害怕、退缩时，只有哥伦布勇往直前；当水手恐吓要杀了他时，他的答复仍然是："前进啊！前进！"

哥伦布发现美洲，是历史上的一件大事，所以每年10月12日，我们都要来一个例行的纪念。

哥伦布年轻的时候，曾经过着海盗生活，这不是值得惊奇的事。因为当年一些良好的家庭，都愿意把孩子送到海盗船上去工作，使孩子可以增长一点见闻，尝尝人生的滋味，而且还可以多赚一点钱。

在他们看来，这种事情不被官方捉住，也就无所谓羞耻与卑贱，要是不幸被逮着了，也只好自叹命运不济了。

哥伦布还在求学的时候，偶然读到一本毕达哥拉斯的著作，得知地球是圆的，他就牢记在脑子里。经过很长时间的思考和研究，他大胆地提出，如果地球真是圆的，他便可以经过极短的路到达印度。

许多有常识的大学教授和哲学家们都取笑他的想法。因为，他想向西方行驶而达到东方的印度，岂不是傻人说梦话吗？

他们告诉他：地球不是圆的，不是平的，然后又警告道，你要是一直向西航行，你的船将驶到地球的边缘而掉下去……这不等于走上自杀之途吗？

然而，哥伦布对这个问题很有自信，只可惜他家境贫寒，没有钱让他实现这个冒险的理想，他想从别人那儿得到一点钱，助他成功，但一连空等17年，还是失望，所以他决定不再向这个"理想"努力了。

因为使他忧虑和失望的事太多了，竟使他的红头发完全变白了——当时他还不到50岁。灰心的哥伦布，这时只想进西班牙的修道院去度过后半生。正在这时，罗马教皇却怂恿西班牙皇后伊莎贝露帮助哥伦布。教皇先送给哥伦布65元，算是路费。但他自觉衣服过于褴褛，便用这些钱买了一套新装和一匹驴子，然后起程去见伊莎贝露，沿途穷得竟以乞讨糊口。

皇后赞赏他的理想，并答应赐给他船只，让他去从事这项冒险的活动。

觉醒

困难的是，水手们都怕死，没人愿意跟随他去，于是哥伦布鼓起勇气跑到海滨，捉住了几位水手，先向他们哀求，接着是劝告，最后用恫吓手段逼迫他们去。

另一方面他又请求女皇释放了狱中的死囚，答应这些死囚如果冒险成功，就免罪恢复他们自由。一切准备妥当，1492 年 8 月，哥伦布率领三艘帆船，开始了一个划时代的航行。

航行没几天，就有两艘船坏了，接着剩下的一艘船又在几百平方公里的海藻中陷入了进退两难的险境。哥伦布亲自拨开海藻，才使船得以继续航行。

在浩瀚无垠的大西洋中航行了六七十天，也不见大陆的踪影，水手们都失望了，他们要求返航，否则就要把哥伦布杀死。哥伦布用鼓励和强压手法，总算说服了船员。

天无绝人之路，在前进中，哥伦布忽然看见有一群飞鸟向西南方向飞去，他立即命令改变航向，紧跟这群飞鸟。因为他知道海鸟总是飞向有食物和适应它们生活的地方，所以他预料到附近可能有陆地。果然哥伦布前行不久，发现了美洲新大陆。

当他们返回欧洲报喜的时候，又遇上了四天四夜的大风暴，船只面临沉没的危险。在十分危急的时候，哥伦布想到的是如何使世界知道他的新发现，于是，他将航行中所见到的一切写在羊皮纸上，用蜡布密封后放在桶内，准备在船毁人亡后使自己的发现能够留在人间。哥伦布他们总算很幸运，终于脱离危险，胜利返航了。

这就是成功的秘诀。你到底是想要成功，还是一定要成功？"想要"跟"一定要"有绝对的差别，世界上最顶尖的成功者，都决定"一定要"！

大千世界，百态人生。成功的路有千条万条，但没有一条是相同的。走自己的路，就意味着走与众不同的路，步人后尘不会拥有光辉的前景，另辟蹊径才可能开拓出一个崭新的未来。没有哪一个人的成功之路是别人给开辟的，也没有哪一个人的成功之路是上天打造的现成的风光之旅。

沿着别人走过的路或是已经铺好的大路走，可能会平安，没有什么风险，也不会有太多曲折坎坷。但是，如果你选择了这样的路，就选择了平庸的人生。如果你选择了一条属于自己的路，即使旅途没有多少辉煌的成绩，但那份开创的骄傲将伴你一生。

爱因斯坦在瑞士苏黎世联邦工业大学就读时，他的导师是数学家明可夫斯基。由于爱因斯坦肯动脑筋、爱思考，深得明可夫斯基的赏识。师徒二人经常在一起探讨科学、哲学和人生。

有一次，爱因斯坦突发奇想，问明可夫斯基："一个人，比如我吧，究竟怎样才能在科学领域、在人生道路上，留下自己的闪光足迹、作出奇迹的杰出贡献呢？"

一向才思敏捷的明可夫斯基却被问住了，直到三天后，他才兴冲冲地找到爱因斯坦，非常兴奋地说："你那天提的问题，我终于有了答案！"

"什么答案？"爱因斯坦迫不及待地抱住老师的胳膊，"快告诉我呀！"

明可夫斯基手脚并用地比画了一阵，怎么也说不明白，于是，他拉起爱因斯坦就朝一处建筑工地走去，而且径直踏上了建筑工人刚刚铺平的水泥地面。在建筑工人们的呵斥声中，爱因斯坦被弄得一头雾水，非常不解地问明可夫斯基："老师，您这不是领我误入歧途吗？"

"对、对，歧途！"明可夫斯基顾不得别人的指责，非常专注地说，"看到了吧？只有这样的'歧途'，才能留下足迹！"

然后，他又解释说："只有新的领域、只有尚未凝固的地方，才能留下深深的脚印。那些凝固很久的老地面上，那些被无数人、无数脚步涉足的地方，别想再踩出脚印来……"

听到这里，爱因斯坦沉思良久，非常感激地对明可夫斯基说："恩师，我明白您的意思了！"

从此，一种非常强烈的创新和开拓意识，开始主导爱因斯坦的思维和行动。他曾经说过这样的话："我从来不记忆和思考词典、手册里的东西，我的脑袋只用来记忆和思考那些还没载入书本的东西。"

于是，就在爱因斯坦走出校园、初涉世事的几年里，他作为伯尔尼专利局里默默无闻的小职员，利用业余时间进行科学研究，在物理学三个未知领域里，齐头并进，大胆而果断地挑战并突破了牛顿力学。在他刚刚26岁的时候，就提出并建立了狭义相对论，开创了物理学的新纪元，为人类做出了卓越的贡献，在科学史册上留下了深深的闪光的足迹。

要想获得成功，就要有一种强烈的创新和开拓意识。怎样才能做到这一点呢？那就是从我们未知的领域入手，向别人没有涉足的地方迈进。只有这样，才能在你所涉及的领域中成为一个开拓者，并留下闪光的足迹。

人要想致富，就要去创新，敢于走别人没有走过的路。尤其当老路走不通的时候，你要去寻找新的路走。只有不断求新求变，你才有出路。当然，如果你能开动脑筋，利用智慧去开发市场，那么，你离发财的路也就不远了。

第三章
果断行动

> 比尔·盖茨说过:"不要以为取得辉煌成就的人与常人相比有何过人之处,唯一的区别在于当机会到来时就要付诸行动,决不迟疑,这就是成功的秘诀。"现实中就有许多人敢想不敢说,或者敢说不敢做,结果时间一天天过去,最终一事无成。与其想破了脑子磨破了嘴皮,不如实实在在地行动起来!

十个想法不如一个行动

在成大事者的眼中,思想与行动同等重要。如果你每天都在想着做什么,而不付诸实际行动,那只能是空想,永远也不会成功。

"说是做的仆人,做是说的主人。"德国行动主义哲学家费希特说过:"行动,行动,这才是我们的最终目的。"

现实是此岸,理想是彼岸,中间隔着湍急的河流,行动则是架在川上的桥梁。行动才会产生结果。行动是成功的保证。任何伟大的目标,伟大的计划,最终必然落到行动上。

觉醒

山东女孩儿张茗,从北京一所美术学院毕业后,在一位亲戚的帮助下移民去了德国。在德国,她遇到一个卖白色瓷瓶的女老板,发现她的产品质量和做工都不差,但却无人问津。出于对女老板的同情,她选了一只带回家。一路上她一直都在琢磨:"为什么这种瓷瓶不受人们的欢迎呢?"

回到住处,看着自己买回来的这只瓷瓶,虽然看着很舒服,但瓶面全是纯白色,太平淡无奇了,连她自己都觉得很土气。当她准备扔掉时,做时装模特的表姐对她说:"你既然是学美术的,怎么不在'光瓶'上弄个时尚、漂亮的手绘图案呢?那才够个性、够完美哦!"

她从中受到启发,买来一堆颜料后,就进行了一个有趣的设计:让两只瓷瓶构成一只卷毛狮子狗的图案,加上闪粉及闪片的效果,不仅非常华丽,还神气十足!表姐看后惊呼:"太酷了,这哪是瓷瓶呀,简直是件艺术品!能不能帮我也绘一对?"

没想到,几天后一帮衣着光鲜的时尚女孩儿就找上门来,纷纷请她做"酷瓶"。张茗逐个询问了她们的爱好,并有针对性地设计了多种个性图案。

3天后,14双精美绝伦的"个性瓶子"摆在了美女们面前,千姿百态,时尚至极。张茗的小木屋里热闹得像"瓶秀"表演一般!仅仅3天时间就赚了1274欧元,折合成人民币将近1.3万元!

张茗忽然产生了一个大胆的想法:既然人们如此崇尚个性,自己何不开家"个性瓶店",专门出售手绘时尚瓶呢?很快,张茗租了一个面积30多平方米的小店,装修是东方式的,门前悬挂的一对大红灯笼,不仅突出了民族特色,而且十分吸引洋人的眼球。她绘制的那批图案绚丽多彩又各具特色的"酷瓶"刚摆上小店的橱窗,马上吸引了一大批金发碧眼的时髦女郎。

个性瓷瓶推入市场后，它独具诱惑的魅力很快成为一种流行时尚，成了大批德国女性的超级喜爱。仅 2001 年这一年，张茗就赚了 20 多万欧元。尽管"兼职画工"从最初的 8 人增加到了 30 多人，但"酷瓶"仍供不应求。后来，张茗同国内几家陶瓷企业一联系，有两家陶瓷厂当场就表示很感兴趣，只要交些订金就行。仅仅几天时间，对方的业务代表就带着样品飞到柏林，亲自与她签约。

此时张茗渐渐意识到，要想使中国瓷瓶走向世界，增加文化附加值，必须"做品牌"。张茗马上注册了自己的商标，并正式成立了自己的陶瓷贸易公司。除了德国，她还和欧洲另外 7 个国家的陶瓷批发商建立了业务关系，在短短一年内就使自己的个性手绘瓶风靡比利时、卢森堡、瑞士等国。

张茗的成功证明了，行动就是力量！唯有行动才可以改变你的命运！

一万个空洞的幻想还不如一个实际的行动。成功，一定是敢想，而且更是敢做。光有远大的理想而迟迟不肯付诸行动，结果只能是：理想就是空想。

在理想的实现上，成功者的共性是：一旦锁定目标，就马上行动起来，不断拼搏，不达目标誓不罢休。天下财富遍地流，看你敢求不敢求。金钱多么诱人啊，但要赚大钱一定要敢于行动！试看天下财富英雄都是有胆有识有行动力的，想当年比尔·盖茨放弃哈佛大学学业，白手起家创办微软，是何等的胆识和行动力。

很多人都在思考，为什么我们还没有成功？其实原因有很多，但是，其中有一个最重要的原因，就是这些人都没有把想法付诸行动。再好再美妙的想法，如果不付诸行动，结果只能为零，任何成功都是从一步步实践中走过来的，行动就是成功的第一步！

觉醒

"心动"不如"行动",做人做事最重要的忌讳就是"理论上的巨人,行动上的矮子"。口头理论再好,如果只是坐而论道,光说不练,永远也产生不了任何效果,因此目标有了,方向明了,心态好了,能力足了,就要立即行动,去开启个人的成功之路。

不要迟疑,马上行动

很多人的失败不仅仅是因为没有信心而跌倒,而是因为不能把信念化作行动,并且不顾一切地坚持到底。

如果你时时想到"现在",就会完成许多事情;如果常想"将来有一天"或"将来什么时候",那就一事无成。有一个好点子和把好点子变成现实是两回事。

有一次,人们问古希腊雄辩家德谟斯特斯:"雄辩之术首先要做的是什么?"

他说:"行动。"

"那第二点呢?"

"行动。"

"第三点呢?"

"仍然是行动。"

做任何事情都不能拖拉,否则就会错失良机,看不到成功的影子。这个道理许多人都能明白于心,但是总是难以做到,因为观望等待甚至思前想后是绝大多数人的通病。有几句歌词写得好:"世间自有公道,付出总有回报,说到不如做到,要做就做最好。"

一个平庸的人,往往刚开始时都拥有很远大的理想,因缺乏立即行动的观点，理想于是开始萎缩，衍生出种种消极与不可能的思想，甚至于就此放弃了理想，于是就过着随遇而安、乐天知命的平庸生活。这也是为何成功者总是占少数的原因。

有一位幽默大师曾说："每天最大的困难是离开温暖的被窝走到冰冷的房间。"他说的不错。当你躺在床上认为起床是件不愉快的事时，它就真的变成一件困难的事了。但是，你只要及时掀开被子，形成习惯或自动反应，起床就变得极其简单容易了。那些成功的人物都不会等到精神好的时候才去做事，而是推动自己的精神去做事。

行动是打开成功之门的钥匙，一个实际行动比一个纲领还要重要。成功是靠行动而不是靠梦想才实现的。当我们备好行囊，准备向目标进发时，下一个关键就是——开始行动。

行动是敲开成功之门的有力手段，或者说，只坐在那儿想打开人生局面，无异于痴人说梦，只有靠自己的双手行动起来，才能有成功的可能性。

生活中常有人做事计划来计划去，总觉得构想不完美，时机不成熟，结果一拖再拖，万事皆蹉跎。其实，再好的新构想也会有缺陷，即使是很普通的计划，如果确定执行并且努力做好，都比没有开始好得多，局面要靠行动来打开，坐等机会成熟，很可能永远也等不到，或者机会一旦成熟如白驹过隙，很快就逝去而根本无法让人抓住。

许多人刚走出大学校门时，都会面临同一个问题：是继续考研，还是找一份体面工作，抑或选择创业？人生走在了十字路口。这时候，如果犹豫不决，举棋不定，时间很快过去，机会也很快溜走。

大学毕业后，刘力和许多同龄大学生一样有些迷茫。父母为其在事业单位找好了工作，只等他毕业就可以上班。不过颇有商业头脑的他对蛋糕市场特别青睐。一番思考后，他把想开蛋糕店的想法告诉了父母。父母开始时不理解，最后拗不过他的执著，只好点头答应。

说干就干！过了父母这关，刘力马上开始选地点、找师傅、装潢店面，店里的每一个小细节都亲力亲为。在老师傅的指点和自己的摸索下，刘力的蛋糕店不久正式开张。

优质的用料，不错的口味，很快赢得了顾客的钟爱，也赢得了一份不错的成绩单。很快，刘力的第二、第三家连锁店出现在了街头。刘力也完成了由学生到商人的一个华丽转身。如何有效地抢占市场份额，把顾客永久留住，成了刘力思考的首要问题。

"工欲善其事，必先利其器。"学习企业管理多年的刘力明白：要立足市场，质量是生命线，只有坚持优秀的烘焙品质，才能让企业站住脚跟。选料上要最好的，聘请师傅也要最好的。要把最好的呈现在顾客面前，因为经营蛋糕不单是商品买卖，而且是贴心地为顾客服务，把这些结合起来才能做出最美味的蛋糕。

刘力大学时学的专业与做蛋糕风马牛不相及，许多知识都需要现学现用。当遇到困难时，刘力常说的一句话是："造原子弹都能学，还有什么不可以？"

在经历了由不会到会、不懂到懂的过程后，他明白了一点：能力不是关键。机会总在身边，不要犹豫，果断地抓住它，先做再说，在做的过程中不断完善不断改进。

他经常对同学说："有了想法，不要迟疑，马上行动！"

心理学家威廉詹姆士说："种下行动就会收获习惯；种下习惯便会收获性格；种下性格便会收获命运。"大胆尝试、果敢行动在刘力身上有了极好的印证。从他身上不难看到，创业除了需要激情，更需要脚踏实地、一步一个脚印地走。相信自己，付出总有回报，时间会证明一切。

机不可失，时不再来

常有人发如此感慨："如果给我一个机会，我也能……"他们把自己的命运系在一个等来的机会上，他们当然总也不会成功，他们可能至今仍在抱怨自己的命运。成大事者的习惯之一是：有机会，抓机会；没有机会，创造机会。

人生的机会可能以多种方式呈现在我们面前，要捕捉它，你就得平时练就一双慧眼，养成寻找机遇的习惯，时刻全身心地准备着去迎接、去拥抱每一次光顾你的幸运之神。

在军人的脑海中只有"这一次"，没有"下一次"！他们从来不敢抱着侥幸心理，掉以轻心，也不会天真地期望奇迹在下一次出现。他们清楚，没有这一次，就没有下一次，这一次不能获胜，就会死在敌人的枪炮和屠刀下，根本没有下一次可言。

而在我们身边听到更多的却是：

"这次没考好，下一次一定会考好！"

"这次工作没做好，下一次我会努力干好！"

"这个月没完成目标，下一个月一定会认真完成！"

"这个订单跟丢了，下一次一定会拿一个更大的订单！"

人生有几个"下一次"？大多情况下，机会只有一次，机不可失，时不再来。生意场上更是如此。

十几年前，几个哥们儿约小李一起去广东贩电子表，小李不以为然，可是如今那些哥们儿都发了。等小李开始认真考虑这个问题的时候，已经满街都是卖电子表的小贩了，小李后悔极了。他发誓一定要

自己找准机会成功。

几年后,市里最大的家电商场隆重开业,美其名曰"大集体",其实就是几个人合伙经营而已,其中有个老板就是小李。那时国营的商场进货渠道单一,定价又不合理,就这样很快小李开的私营商店就发达了。没过几年,他把电器卖得一件不剩,又开始做电脑,愈加发得不可收。后来他还想去国外看看,他发现很多国外流行的东西可能就是国内即将流行的。

其实生活中我们缺少的不是机会,而是捕捉机会出现的慧眼。细致地分析每一次机会出现的共同规律,掌握了机会出现的脉搏才有可能抓住机会,甚至走在机会的前面。

我们也常常因为事小而不为,因为琐碎而不屑,与成功一再错过。如果我们都有一双善于发现机遇发现财富的眼睛,都有一颗"不因善小而不为"的心灵,那么,谁都可以改变命运。

机遇主要指良好的、有利的机会。人们俗话所说的千载难逢、天赐良机,就是指机遇。机遇的产生和利用都需要有其主、客观条件。从主观上讲,机遇只降临有准备的头脑。从客观条件讲,机遇的产生和利用需要有良好的社会环境。机遇的产生是主、客观相互作用的结果,既有必然性,也有偶然性。只有捕抓住机遇,才能使机遇由可能性向现实性转化。

赤壁之战中周瑜用火攻的故事就是个很好的例子。"连环计"已经奏效,曹操把所有的船只都用铁链连在一起;"苦肉计"已使曹操深信不疑只等黄盖来降,火攻的机会只欠东风了。但其时正值隆冬季节,江面上每天刮的都是西北风。周瑜发现妙计中最关键的一项外在条件欠缺时,立刻急火攻心,背过气去。后来就有了诸葛亮借东风的传说,终于使得火攻计得以成功,但如果周瑜只坐等东风吹来时才准备"连环计"和"苦肉计",只怕机会已一去不返了。

抓住机遇,首先必须发现机遇。生活中处处充满机遇。社会上的每一项活动,报刊上的每一篇文章,人际中的每一次交往,生活中的每一次转折,工作上的每一次得失等,都可能给你带来新的感受、新的信息、新的朋友,全都可能是一次选择,一次机遇,是一次引导你冲破人生难关的契机,问题在于你自身的素质,在于你是否能发现每一次机遇。不要以为机遇难寻,其实机遇就在我们的身边,甚至就在我们的手上。

在成长的道路上,当理想难以实现,勤奋、毅力和各种方法都无济于事的时候,突然,一个机遇出现在你的面前,解救了你,使你在事业上有了进步,甚至获得了成功,这种事情在生活中是常有的。

当成功的几率只有百分之一的时候,你会去做吗?相信大部分人会望而却步,但敢想敢说敢做的人会接受这个挑战,即使只有百分之一的成功机会,他们也会做出百分之百的努力。真正敢于挑战百分之一几率的人,才能真正有大作为。

没有机会,只是弱者逃避现实的一种借口,抓住机会才是开拓者强劲的誓言。在瞬息万变的现代社会中,商业机遇无处不在,关键看你是否善于把握住它。有的人因为恰当地抓住了时机一跃而上,踏上了成功的人生之旅;有的人却因为一叶障目,错失了在眼前晃动的机缘,一生碌碌而过。成功=勤奋+机遇。机遇是成功路途上不可缺少的一部分。俗话说,"时势造英雄",这个"时势"从某种意义上来说便是机遇。

有时候一个人有本领,有实力,而且勤奋刻苦,但却没有遇上合适的机会。这就像一个人经过艰苦跋涉,来到了一座富藏金矿的山下,然而只能在山下转悠,因为没有人给他指点进山的道路。但是这时他

 觉醒

若是遇到一位仙人,握着他的手引他入山,这样他便如虎添翼,离宝藏越来越近了。

所以在某种意义上,时机就是一种巨大的财富。能够把握住时机的人,才能创造出巨大的财富。

机不可失,时不再来。在进退之间不能把握时机的人,必将一事无成,遗憾终生。机会只偏爱那些敢于冒险的人,而那些平常无心的人、对一切事情都放任自流的人,必然会错失许多美好的东西。

有这样一个传说。一个年轻人,正处于青春年华,他总认为可以做任何事情,世界就在他的面前。一天清晨,上帝来到了他身边,说:"你是我的宠儿,我可以帮助你实现一个愿望。但是,你要记住,只能说一个愿望。"

他不甘心,说:"我有很多愿望啊!"

上帝摇摇头,说:"这世间的美好愿望实在太多,但是生命是有限的,没有人可以拥有全部。有选择就有放弃,慎重选择一个吧,选择以后就不要后悔。"

他非常惊讶地说:"我会后悔吗?"

上帝说:"谁知道呢。譬如,你选择了爱情就要忍受情感的煎熬,选择了智慧就要忍受痛苦和寂寞,选择了财富就要面临钱财带来的麻烦,选择了事业就要辛苦地奔波。这世界上有太多的人走过了一条路之后,懊悔自己其实应该走另一条路。仔细想一想,你这一生真正要什么?"

他想了又想,所有的渴望都纷纷而来,哪一个都不能放弃。最后,他对上帝说:"让我想想,让我想想。"

上帝说:"但是要快一点儿,我的孩子。"从此以后,他在生活中就不断地比较、权衡。这样,时间一点点过去了,转眼间很多年过去

了,他不再年轻了,老了,老得快要走不动了。

这时候,上帝又来到他的面前:"我的孩子,你还没有决定你的心愿吗?你的生命只剩下 5 分钟了。"

"什么?"他惊讶地喊道,"这么多年来,我没有享受过爱情的欢乐,没有积累财富,没有得到过智慧,我想要的一切都没有得到。上帝啊,你怎么能在这个时候带走我的生命呢?"

可是,无论他怎么痛哭流涕,上帝在 5 分钟后还是无奈地带走了他。

所以,对于任何事情,行动永远比想像更重要。

冒险与收获结伴而行

有一位成功的企业家曾这样说过:"小本经营者要想走上一条发财的捷径,那么最好把目光盯在市场上,去了解缺什么,然后填补,这样就能获得一笔不菲的财富。"

陈东被誉为当地的"填空当"专家,他的成功经验便是"人无我有,人有我专,人缺我补",这是他在长期的实践中摸索出来的。

当初陈东开着一家小商店,由于实力和经验不足,竞争压力很大,时时有被挤垮的危险。几经风雨之后,他终于想出了"填空当"的妙招。凭着这一招,他在夹缝中求生存,不断发展壮大。陈东对于独门产品,不论赚钱多少,都乐于经营。他不仅注意从市场信息中搜寻潜在的独特产品,还密切关注消费者的需求变化。

一天,他偶然看到一则消息,据国家气象局的预测,夏季可能出现高温天气。陈东当时就觉得这是一个机会,经过事先调查分析后,

 觉醒

马上筹措资金，提前进了一批夏季货品。由于他是在冬季进的货，价钱比旺季时下浮几个百分点。果然，那一年的夏季酷热难耐，他进的那批货不到一个月就卖出去了，而且利润还挺高。然后他又以最快的速度进了第二批货。就这样，他用一个夏季的时间，非常漂亮地完成了他的原始积累过程。

陈东不仅从商品品种、货源多少、顾客需求变化上考虑，而且注意在时间差、服务手段上突出自身的特点，尤其是别人不大注意的细微之处，他更是通过看、问、比、试，不断发掘可供自己利用的空当，使他的商店能够在不同的销售环境中勇于创新，不断吸引顾客，提高声誉。

有一段时间，他的商店附近新建了一个百货大楼，并且经营手段十分高明，货源充足，客流量很大，有很多优势，导致他的小店生意冷清。鉴于这种情况，他决定利用自身"小"的特点去谋求发展。他注意到这家商场的营业时间是早上9点到晚上8点，一些早出夜归的顾客想买临时需要的商品很不方便。于是，陈东调整了商店的营业时间，将以前的"早9晚8"改为从上午6点至10点和从下午3点至凌晨2点两个时段，使营业时间基本上与那家大商场错开。这种与众不同的营业时间正好满足了那些早出晚归的消费者，起到补空当的效果。

有一位贫困农民，瞄准了市场上小衣架的空缺，予以填补而脱贫致富。有一天，这位农民为了买几个小衣架，从村里跑到镇上，又从镇上跑到县城，结果仍然没有买到。商店服务员告诉他，衣架是一种太小的商品，利润很低，一般工厂不愿生产。回家后他心想，衣架家家户户都要使用，需求量十分大，如果生产出来，销售量一定会很大，这可是一个千载难逢的好机会。于是，他立即购买了一些钢丝和塑料管，尝试着做出第一批衣架。几天后，他挑着衣架到批发市场推销，

结果数千个衣架被抢购一空。

不久,许多批发商纷纷向他订货,一时间供不应求,仅仅四个月时间,他便赚了两万元。后来,他不断扩大规模,并组织村里的人加工,迅速走上了一条富裕之路。

还有一位摄影师——章力,在婚纱影楼一个接着一个在喜庆声中开业时,在摄影社工作的他并没有为此而动心。他断定,用不了多长时间,市场就会饱和,他决定从市场夹缝寻找商机。

一天,一则"拍加名集体合影"的广告引起他的注意,他立即和广告主联系,对方寄来了样片。这是一张新奇的集体合影,它的可贵之处是在照片的正面按顺序印上校长、班主任和师生的名字。可在当时,照相馆做这种照片常采用的方法是将名字打印在纸上,贴在照片后面,然后进行加热塑封,章力经过分析认为,照片正面加名优于背面加名,肯定会有市场,于是便和广告主商量合作事宜。

他决定先为一个学校拍照。他把底片、名单和加工费寄给广告主,照片做好后师生都很满意。收回照片款,减去加工费,净挣1000多元,如果自己冲洗,利润会更高。于是,他又和广告主洽谈技术转让之事。

章力学习制作这种彩色照片技术并不是一帆风顺的。在这之前,他只负责拍照,并没有搞过彩色照片冲洗、放大。为解决偏色问题,他认真阅读有关书籍,反复实践,经常连续20个小时待在暗室,一遍又一遍试样,并认真做好记录,终于全面掌握了这项技术。第一年,他用不到一个月的时间,为十几个学校拍照,挣了二万多元。因照片上有他的电话,学生手里的照片成了他有效的广告宣传片。第二年从年初开始一直拍到年末,五、六月是拍照高峰季节,他一天要拍4个学校、近2000名毕业生,两台设备24小时不停机。最后一算,仅两

个月就收入10多万元。第三年,市内其他照相馆在为学校拍集体合影时,学校就提出要加名,照相馆便只好找章力加工。

由于他们制作的照片形式新、质量好、价格低,六年来,全市有30多所学校每年会主动找上门拍照。就这样章力用加名集体合影技术,发现并拓宽了市场。

查漏补缺的要点是填补其他商家经营上的空当,以吸引顾客。商家经营产品都有个大概范围,这个范围是根据市场需求量、自身经济实力、商品经营成本、其他商家经营情况等综合考虑后确定的。

一般而言,只要市场有需求的商品,总会有人经营甚至有很多人经营,但也有一些商品由于市场需求量不大,或进货不便,或经营成本太高,无利可图,或信息不灵,未及时引进等原因,大家都不经营。这些大家都不经营或极少经营的商品正是查漏补缺的对象。

那么,如果想经营好这些商品,首先要弄清这些商品在本地会不会有人买,这些商品在哪里进货,成本如何。第一条很好解决,第二条可采用少进试销的手法检验,第三条要靠收集信息和经验积累。路子混熟了,也就不成问题了。要理智审慎,要想到这种方法有宣传的目的,即使不怎么赚钱也要经营,其要诀是控制这些不怎么赚钱的商品的比例。太少不起眼,太多又会影响全局。当然,还要注意宣传,某些商品别的商家都不经营,顾客会认为市面上都没有,你得设法让人家知道你这里有。如果别人买不到什么就会想起你的商店,那毫无疑问,你的商店知名度必定不小,生意也必然兴旺。

每个人都有与生俱来的"怕"。当成功者回顾成功的经验时,无不感慨地说,胆魄、勇气是人生的重要财富。

抢占制高点，争当排头兵

世界上有许多人没意识到自己的潜力，"过分谨慎"就是其中最大的原因。他们知道自己能干得更好，但他们从没有勇气往前冲，同那些比他们成功的人相比，他们有同样的能力，但他们却甘愿屈居下风。他们看到老朋友成功了就纳闷为什么自己不行。他们有时也有一些"赚百万元的念头"，但就是不采取行动。在面对是否采取行动的问题上，特别是这种行动涉及冒险时，他们常常犹豫不决、坐失良机。

丘吉尔曾经说过："勇气很有理由被当做人类德性之首，因为这种德性保证了所有其余的德性。"这里所说的"勇气"，就是一个人的胆量、胆识、胆略、临危不乱、处变不惊、力排众议、破釜沉舟的决断力。

"机会面前勇者胜"，任何行业早做都比晚做强，抢先做的人优势会越来越明显，迟到者则很难抢回已被占领的市场。

新生事物出现之初都是冷点，但能看到冷点变化的前景，就能抢先占领一块新的市场。"新"、"奇"容易成为人们的兴奋点，因此也往往被有头脑的人作为获取财富的切入点。如果能做到既"新"、"奇"，又确实更进步、更高明，这对于商家无疑是拥有了一个最"时髦"的赚钱机器。

新鲜的东西一般都会引起人们的注意。大家第一次看到公共场所的自动售货机，一种试一试的心情油然而生，纷纷往售货机里投放硬币，取出自己需要或不需要的物品。只一个月的时间，古川久好就足足挣了一百多万日元。他马不停蹄，用这一百多万日元又购买了更多的自动售货机，扩大经营规模。仅仅5个月的时间，他还清各种借款的本金和利息，净赚近2000万日元。

新生事物因为其新，吸引了众多消费者跃跃欲试，要先试之而后快，每个人就这样抱着猎奇的心理去使用自动售货机，结果可想而知，自然是越来越多的人去尝试，一试而不可收，商家的财源也就滚滚而来。这就是新生事物的魅力。

新生事物的潜在价值，还在于善于发掘、利用。再好的赚钱机器，如果不能发动、运转，它的价值最多也只是供人观赏而已。

李晓华第一次到广州进货，正值T恤衫、变色眼镜走俏，虽然利润丰厚，但他并未为之所动。他来到广州商品交易会陈列馆，站在一台美国进口的冷饮机面前凝视了许久，然后问道："小姐，冷饮机怎么卖？"服务员说："没有货。"

李晓华灵机一动，找到了经理，先交朋友，请他吃了顿饭，又送了几条名牌香烟，这才把冷饮机买了下来。当他把冷饮机运回北京时，几乎囊空如洗了。

没有多久，就进入了夏天。他把这台新鲜玩意儿，运到北戴河海滨。他向当地人介绍说："这是新玩意，在中国是第一台。如果你们同意，你们出场地、人员，办营业执照，我出设备，赚钱各拿一半。"

于是这个临时的冷饮"合资公司"开张了。来避暑的人们，游泳之后、玩累了或在大太阳底下走乏了，看到这个清爽冰凉的大玻璃罐，都冒汗排起了长队。五角钱的饮料一杯接一杯，那种清凉甘甜劲儿直沁心脾。这在当时成了北戴河海滩浴场的一大景观。

那是一个难忘的夏天，已届而立之年的李晓华实实在在地尝到了成功的滋味，仅一个夏天他净赚了十几万元。更重要的是，通过这件事他对自己的商业敏感和决策能力充满了信心。

商人经商，取得财富，离不开其自身的商业嗅觉和经营头脑，但是总要有能够实现其经营目的的实体，也就是商人的智慧依靠什么来得以体现。众人之盲反衬你目光之清明，而你目光清明则显示出你经营智慧之高超。所以，将目光落在蕴涵无限商机的"物"上，实在是经商的要诀之一。

几年前英华经营的搬家公司倒闭了，揣着仅剩的 400 元钱，未来的"筷子王"第一次做起了筷子生意。对当时的他而言，这一毛钱左右一双的筷子就是他全部的生计所在，抱定了这个信念，英华一点也不敢马虎。他舍近求远从温州进了一批高质量的"卫生"筷子。400 元购进了 5000 双筷子。他精心选择了比较高档的小区，突出了"卫生"的特点，没出半月，这批筷子就售罄了。200 多元，是英华卖筷子的第一笔收入。从此，英华走进了筷子的世界。

不久他注册了自己的筷子品牌专卖店，开办了当地首家筷子专卖店，将店址选在热闹繁华的街上。卖筷子也搞专卖店？还在这寸土寸金的商业街上？面对很多人的不解，英华有着自己的打算：做什么都需要一个窗口展示，我这个窗口既能宣传又能赚钱。对这个地段，英华事先做过统计：店门前每天的客流量有 5000 多人，相邻的时尚店每天都有近千人进店，人气相当高，消费群也对路。虽然每月租金上万高了点，但为宣传赢得口碑也值得。因为这里所能带来的预计效益是惊人的。在专卖店产品的选择上，他决定先荟萃天下著名的筷子做展示，招揽人气并培养人们对筷子的兴趣点。于是，他马不停蹄地跑了全国几十个地方，采购了 1000 多个品种的精品筷子，既有一元钱一双的工艺筷，又有 1500 元钱一套的纯银筷。

没出一周，英华筷子店就被媒体盯上了。报纸、电视轮番报道，筷子店人气飙升。店里每天的人流都保持在 1500 人左右。英华筷子店

成了闹市上最聚人气的店铺之一。2001年国庆节期间，筷子店一天的营业额就达到了2.8万元。从此人们认识了英华，接受了英华筷子，英华也拿到了打开本地市场的钥匙。如今，通过成功经验的不断复制，他已经拥有了6家英华筷子店，预计当年6家店的利润能到200万元。从1家店拓展到6家店，英华打响了自己的名气，也把本地市场牢牢抓住了。

英华很快发现，企业规模变大了，但销售增长却放慢了，不是因为英华的客源少了，而是因为英华缺少自己的产品。它卖的大部分都是外地厂商的筷子，厂商不仅在价格上控制他，而且经常将库存货推到他这边，造成利润下降，企业发展遇到了瓶颈。英华意识到做产品不能一味模仿，也不能一味守旧，要做出自己的新东西，才能站稳这个市场。不提高自己的筷子开发能力就意味着永远跟在别人后面。于是，他决定设计生产具有浓郁东北特色的筷子与各地的筷子同台竞技。

新筷子不仅东北韵味十足，选材也种类繁多，从木质到金属，再到骨头、水晶应有尽有。为了便于顾客选购，他将自己生产和外地采购的上千种筷子分类，编写出独特的说明书，通俗地讲解筷子的故事。有"子孙满堂筷"、"长寿筷"、"情侣筷"、"生日筷"、"祝福筷"、"高升筷"等，还给有特点的筷子都加上了吉祥话，以投顾客所好，让顾客看得目不转睛，心花怒放。不到一年，英华就这样抢占了筷子市场，成为此行业的制高点。

市场的制高点，是在同行业中谋求更大的发展的一条捷径。对于制高点，我们不仅要从产品的质量着手，还要注重其他各个环节，包括店铺位置、人气指数、员工素质、管理理念、销售渠道等，这样才能立于不败之地。

世上的事，有大事，也有小事，所谓大事小事只是相对而言。很多时候，小事不一定就真的小，大事也不一定就真的大。关键在于做事者的认识，那些连小事都做不好的人，大事也往往难以成功。人，只要能一心一意地做事，敢于做别人没有做过的事，世间就没有做不好的事。

尝试，尝试，再尝试

许多人为了成功，尝试了若干次，可就是不见成效，结果就放弃了再尝试的念头。有些人或许会重新振作，扭转困境，但当一再陷入压力时，往往就失去了再尝试的勇气。若你发现自己有了不想再尝试的念头，那么就得当心这种心态，你已经患了"无力之感"的心理病了。不尝试，怎么明白是行还是不行；不尝试，怎么激活创造力和想像力；不尝试，怎么区分"天才"和"庸才"，只有试过，你才可能成功。

莎士比亚说过："本来无望的事，大胆尝试，往往就能成功。"

其实，成功就是为失败而来，只要你敢想，敢做，敢于尝试，就会赢得更多成功的机会！为什么？人一生会遇到很多问题，但是你是否遇到过这样的问题："如果去尝试，后果将会怎样？"这种想法本身就是与成功作对的一个敌人。这个成功的敌人总是让我们去想："如果我失败了，那怎么办？我去试过了，但没能成功会怎样？"这种想法会使你放弃努力。

如果你遭受挫折时便放弃，不再努力了，那么你就绝不会胜利。失败者总是说："你要是尝试失败的话，就退却、停止、放弃、逃跑吧！你不过是个无名小辈。"千万不要听信这种劝言。成功人士对此从

 觉醒

来都不加理会,他们在失败时总会再去尝试。他们会对自己说:"这是一条难以成功的道路,现在让我再从另外一条路上去尝试吧!"

全国热播的电视剧《我的团长我的团》确实在荧幕上轰轰烈烈地火了一把。尽管有人对该剧总结了"八大怪":人物很变态、帅哥变乞丐、女生换台快、术语成公害、文戏有些赖、方言总串台、旁白一大串、形象"拿来"派……但也可以说是挑战传统观影习惯的大胆尝试。该剧制片人吴毅说:"我觉得成功,包括网上有很多争议,我们也开心。一部剧播出没有声音是最大的悲哀,观众喜欢不喜欢,都说明他看了,没忽略这部剧,从传播效应和瞩目度来说,成功了。"解决问题的方法并不是很简单就找得到的,但是只要你不停地试验、不停地尝试新方法,无论成功的比例多么低,你总会找到的。

大家都听过小马过河的故事。小马要到河对面去,松鼠过来说,可千万别过河,河水太深了,刚进去就能淹死;骆驼说没事儿,河水很浅,还没有没到腰呢。这匹小马不知道该怎么办,回家问妈妈如何是好,妈妈说你自己试试就知道了。小马一试才知道,河水既没有松鼠说的那么深,也没有骆驼说的那么浅,自己轻松地就能渡过。

生活中你也会经常遇到类似的情况,不免也会产生同那匹小马一样的犹豫,很多人就因此失去了前进的勇气。真正有追求的人是以跨海为人生目标的,这样,就不可避免地要遇到过河、涉江、跨海的考验,如果你连河都不敢过,就别想做涉江跨海的事了。所有的河流最终都要流向大海,只要你趟过一条条河流,心境自然越来越开阔,海也就不是那么遥不可及了。成功要靠自己努力,哪怕只有万分之一的希望也不能放弃。特别是在拼搏中,我们要把这万分之一的希望变成万分之万的成功。

有雄心想成大事的你,一定要记住:该尝试的时候,一定要行动;

该有过程的时候，一定要付出努力！

破釜沉舟，背水一战

三十六计中有一计是"上屋抽梯"。即让人爬上屋顶去，然后抽掉梯子使他下不来，让他在"逼上梁山"的困境中爬上去。

比如，教一个人学游泳，先把他推进水里再说。那么，当他被推下水后，游也得游，不游也得游，没有犹豫的余地。用现在流行的话来说"你别无选择"。这就是将对手或自己置于一种勇往直前、义无反顾的境地。

很多时候，人不到没有退路的时候不会激发出潜在的力量。而激发这股力量，就需要无所畏惧的勇气，没有退路，只能破釜沉舟，背水一战。李渊就是在这种别无选择的情况下才做了唐高祖，而李世民也正是这样使李渊别无选择才做了唐太宗。

有这样一副对联写得好：有志者，事竟成，破釜沉舟，百二秦川终属楚；苦心人，天不负，卧薪尝胆，三千越甲可吞吴。著名作家张贤亮用实际行动创造了自己的人生辉煌。

张贤亮现任宁夏文联名誉主席兼宁夏作家协会名誉主席，宁夏华夏西部影视城有限公司董事长。1957年因在《延河》文学月刊上发表长诗《大风歌》而被列为右派，遂遭受劳教、管制、监禁达十几年，其间曾外逃流浪，讨饭度日。1979年9月才获得平反。

1992年，邓小平发表南巡讲话以后，全国掀起了党政机关以及群众团体大打第三产业的热潮。宁夏文联要办第三产业，张贤亮想到了1962年"劳改"时"镇北堡"这个地方，就决定在那里开办企业。但

 觉醒

在当时，宁夏文联没有钱，政府也没有钱，于是张贤亮拿着外汇存单去银行贷款。可是 1994 年中央下了一个文件，说中央党政机关与三产脱钩，于是债务就都落到了张贤亮一个人身上。

用张贤亮自己的话说是："我一不小心成为了一个民间企业家。于是我不得不全力以赴，为了挽救我自己的财产，就得豁出去干！"很快，以张贤亮控股的现代企业制度建立起来了。企业发展到了 1995 年张贤亮就把银行债全部还清了，把外汇存单安全收了回来。

靠着一定文化底蕴或者文学艺术眼光，加上"豁出去"的决心，大搞文化产业，凭借非凡毅力，张贤亮在一片荒凉的土地上取得了成功。他明白，人们到那里不是去享受荒凉，实际上是去获得一种文化享受，获得一种艺术审美的享受。

在人生长河中，也许面对一场考试，面对一次抉择，许多人常常翻来覆去睡不着，吃饭也不香，担心这担心那。而心理专家却称，最好的心态就是"豁出去"！

有一首闽南歌曲叫《爱拼才会赢》。这首歌家喻户晓，几乎人人都会唱。"拼"和"赢"两个字，十分形象贴切地刻画了闽南人那种勇于开拓、敢闯敢干的冒险精神。在闽南，有一句很流行的话："不当老板不算猛男。"

出生于闽南安海的晋江恒安集团公司总经理许连捷，就是一位敢为天下先、勇于冒险开拓的农民企业家。许连捷，十几岁就开始打拼天下，吃过不少苦头。改革开放后，他率先在家乡办起了服装加工厂，接着又创立了以"安乐"卫生巾为主要产品的中外合资企业——恒安实业有限公司。

当公司有了起步，他就把眼光瞄准了中国最大的商业城市上海。他知道，他的"安乐"产品如果能在上海立住脚，不仅能给企业带来

巨大的经济效益，而且也具有非同寻常的战略意义。可是，上海生产卫生巾的工厂起码有十几家，他这个带着浓厚乡土气息的企业能挤得进去吗？然而许连捷有胆有识有韬略，他亲自带领一批精干的业务员开进了上海。可是，转眼两个月过去，没有任何收获。每次回忆起来，许连捷不无感慨地说："那段日子，风风雨雨，一言难尽。"

但在当时，许连捷并不灰心，绝不气馁。后来，终于有一家公司愿意进货，但压价太低。当时"安乐"卫生巾算上各种费用，最少也得卖9毛，可对方只肯出8毛，多一分也不要。

许连捷当场大胆拍板："卖，但只给200箱。"对方见状，立即变卦："7毛9成交，不然不买。"商场如战场，事已至此，许连捷也只好签约交付，这是第一笔不公平的交易。不过，许连捷早已胸有成竹，他坚信这家公司尝到赚钱的甜头后会来找他的。果然，不久这家公司找上门来，要求再次进货，并愿以每包9毛7分的价格订购2000箱。从此以后，一发不可收，现在这家公司已成为恒安公司的最大贸易伙伴，每年订购十万箱，成交金额上千万元。

开拓进取，敢闯敢拼，算度精深，许连捷身上体现了闽南人的商人品质。

果断不等于鲁莽

成功需要有胆量，该出手时就出手，不应畏畏缩缩，犹豫不决。但是，做事如果急于求成，就会像饥饿的人乍看到食物，狼吞虎咽，反而会引起消化不良。

敢想，敢说，敢做，并不是指凡事不加思考、奋不顾身盲目向前

冲,一味蛮干绝对不可取。做好一件事情,必须依实际情况而定,切勿急躁不安,草率行事。一味主观地求急图快,违背了客观规律,后果只能是欲速则不达。

孔子的弟子子夏在鲁国做了官,有一天回来向孔子请教,孔子对他说:"无欲速,无见小利,欲速则不达;见小利,则大事不成。"意思是说,做事不要图快,不要只见眼前小利,如果只图快,结果反倒达不到目的;只图小利,就办不成大事。说明做事不能只图快不求好,急于求成反而干不好事。

宋朝的朱熹是个绝顶聪明之人,他十五六岁就开始研究禅学,然而到了中年之时才感觉到,速成不是创作良方,经过一番苦功方有所成。他以十六字真言对"欲速则不达"作了一番精彩的诠释:"宁详毋略,宁近毋远,宁下毋高,宁拙毋巧。"

有这样一则小故事:

古时候,有一位书生从小港乘船去镇海县城。出门前,让小书童用木板夹好捆扎了一大叠书跟随着。太阳快要落山了,还没有到县城。他猜测离县城还有大约两里路,于是问那个摆渡的船公:"还来得及在晚上南门关闭前进城吗?"

船公仔细打量了一下他俩,回答说:"慢慢地走,城门还会开着,若急忙赶路,反而城门会关上。"

书生听了有些生气,认为他在戏弄人。下船后,便快步前进一路小跑赶往县城。可跑着跑着,眼看就到城门口了,小书童摔了一跤。捆扎书的绳子一下断了,所有的书都散乱了。小书童坐在地上大哭,累得不能马上站起来。

等他们把书整理捆好后,前方的城门已经上锁了。这时,那个书生才醒悟似的想到刚才船公说的话。

任何时候，急于求成、恨不能一日千里，结果往往事与愿违。

做任何事情，若只图一时之快，那么肯定达不到预期目标；若只顾眼前利益，也办不成大事。

下面这则故事也说明了同样的道理。

有一个到欧洲去卖货的商人，他的生意很好，他带去的一马车的货物没几天的时间就卖完了。他喜滋滋地给家人买了些礼物装进马车，赶车回家。归心似箭的他，日夜兼程，深更半夜他才投店休息，第二天一大早又忙着赶路。店主帮他把马牵出马棚时，发现马左后脚的铁掌上少了一枚钉子，就提醒他给马掌钉钉。商人说："再有十天就到家了，我可不想为一颗小钉耽误时间。"话音未落他就赶车走人了。

两天后，商人路过一个小镇，被一个钉马掌的伙计叫住："马掌快掉了。过了这个镇可不容易再找到钉马掌的了。"商人说："再有八天我就到家了，我可不想为一个马掌耽误工夫。"离开小镇没走多远，在一个人烟稀少的地方，马掌掉了。商人想："掉就掉了吧，我可没时间再返回小镇了，就要到家了。"

马在走了一段路之后，开始一瘸一拐起来。一个牧马人对他说："让马养好脚再走吧，否则马会走得更慢的。""再有六天我就要到家了，马养伤多浪费时间呀。"

马走路更跌跌撞撞了，一个过路人劝他把马的腿养好再继续赶路，可他说："老天，养好腿得多长时间？再有四天我就要到家了，别耽误我与亲人见面！"

又走了两天，马终于倒下了，一步也走不了了，商人只得丢下马和车子，自己扛着东西徒步回家。

结果，马车走两天的路程他走了四五天，到家的时间反而比预定时间晚了两三天，真是急于求成，欲速则不达。

 觉醒

急于求成动机虽是好的,但由于忽略事物发展的客观规律,往往会失败,甚至适得其反。许多现代人做事情一味求快,反而导致很快失败。

2006年,银行里突然热闹起来,整天门庭若市。其中,有大部分人是申购基金的。即使不想买,热情的服务人员也用一张能把稻草说成金条的嘴把你"拉下水"。无论是在单位,还是在菜市场,身边的人都在谈论今天什么什么又涨了,谁谁又赚了几万几万了。

"有这么好的事为什么不参与呢?"工薪族王元也动心了。尽管他月薪2000元,恰好维持一家三口的日常开支,他还是从自己几年的储蓄中拿出了2万元钱,想到基市里"玩一把"。

专家说:"买基金就要买名牌基金。"

于是王元选择了一只业绩好、口碑好、价格也好的名牌基金买了进去。令他惊喜的是,那基金果然是随着2007年的大牛市一路上涨,可谓芝麻开花节节高。没多久,王元在股市上赔的钱就回来一半。高兴之余,王元后悔得捶胸顿足:"早知今日,何必当初?"放着那么多经济学博士的基金经理不用,非自己瞎琢磨。看来,理财路上,自己还真只能算得上个小学生呀!从此以后,王元天天畅想未来:"按照这么个涨法,过个几十年,自己也能成为百万富翁了啊!"王元简直不敢相信计算器上显示的数字。

谁知好景不长,王元的如意算盘没打多久,美国就爆发了次贷危机,刚弄明白这次贷是怎么回事,股市就开始一路狂泄。王元在基金上的利润转眼灰飞烟灭。王元彻底崩溃了!自己折腾了一年多,两万块钱如今只剩下三千,还必须支付各种手续费。什么"你不理财,财不理你",分明是"我越理财,财越不理我"!还不如把钱存进银行吃利息呢,虽然少点,但是旱涝保收呀!

王元终于明白了，理财还真是一门学问！急功近利只能以失败告终。

2007年2月10日，"最年轻女富豪"的神话一夜破灭。而在此前的半年，26岁的吴英相继以2亿元现金买下700多间商铺，为浙江省东阳县的光彩事业捐助500万元，又在两个月内开出12家大型实业。她和她的企业集团，不得不令人怀疑。果然，最终黑幕撩开，非法吸收公众存款才是神话的真相。当然，吴英的例子是个极端。但与她一样年轻的商界领导者，可以从中领悟千年前孔子"欲速则不达"的感叹。

任何成功，皆需积累。管理层中的年轻人，更应在人生中最美好的十几年加速提升自己，同时注意调整方向。

大家都听过这样一个故事：

有一个孩子在草地上发现了一个蛹。他把蛹捡起来带回家，想看看蛹是怎样羽化为蝴蝶的。过了几天，蛹上出现了一道小裂缝，里面的蝴蝶挣扎了好几个小时，身体似乎被什么东西卡住了，一直出不来。小孩子看着于心不忍，心想：我必须助它一臂之力。于是，他拿起剪刀把蛹剪开，帮助蝴蝶脱蛹而出。可是，这只蝴蝶的身躯臃肿，翅膀干瘪，根本飞不起来，不久就死去了。

俗话说："瓜熟蒂落，水到渠成。"蝴蝶必得在蛹中痛苦挣扎，直到它的双翅强壮了，才会破蛹而去。如果不遵循自然规律，只凭个人主观臆断，结果可想而知。

有人说："三思而后行的人，是世界上最聪明的人。"草率仓促的决定通常都不是很好的决定，智者总是深思熟虑再作决定。做事仅凭第一感觉，凭一时的冲动，是一种不成熟的表现，往往考虑问题不会很周全，也做不成大事。"三思而后行"并不是胆小怕事、瞻前顾后，而是一种对自己的行为负责的表现。

第四章 勇于拼搏

> 追求成功是一个人远大的目标,但在茫茫人海中却只有少数人能够打开成功的大门,成为人类的精英。同在蓝天下,而大多数人却壮志难酬,庸碌一生。其实,成功者与失败者的最大区别主要在于一个"敢"字,"三分天注定,七分靠打拼",敢拼才能赢。

心动不如行动,想到不如做到

平庸者和成功者之间的差距,就在于"心动"与"行动"。有了"心动"的想法,并且马上将想法付诸行动,方能取得成功。

有想法才能够成大业,心动的想法是走向成功的试金石。想法是行动的前提,是成大事的基础。只有行动才能将心动的想法转变为现实,才能实现自己的宏伟目标和远大理想。

在人生的旅途上,需要携带的东西很多,但有一样东西千万不能遗忘,那就是梦想,有梦想的人才能走得更远。人们对梦想总是持一

觉醒

种鄙夷的、不屑的看法，但实际上，每个人从童年直到老年，谁也无法摆脱梦想的纠缠。财富就在我们周围，为什么有的人抓得住，有的人抓不住？这并不是缺乏机会，关键是你还没有行动！

梦想离我们有时很远，有时很近。与其坐等别人把饭喂到自己口中，还不如奋力用双手去搏取。所有的人都能梦想成真，但不是依靠梦想就能成功，不是光凭运气就能成功，也不是依靠他人就能成功。成功是一种看得见的努力，成功是坚持不懈地拼搏。

《中国少年报》"知心姐姐"栏目主持人卢勤，就是通过自己不断的努力，圆了自己少年时代的梦想。现在她成了全国知名的家庭教育专家，到全国各地去讲学，为无数位父母、无数个家庭送去了家教真经，带去了幸福。

小时候的卢勤，有一次在人民大会堂给领导献花时，心里想："哇！这里真好！将来我也要到这里来开会！"爱看《中国少年报》"知心姐姐"栏目的她产生了一个美丽的梦想："长大以后我也要当'知心姐姐'！"后来，她真的有机会去人民大会堂开会了，长大后真的成了"知心姐姐"，并且经常去人民大会堂主持会议。

卢勤说："看到了，想到了，做到了，梦想就成真了。"所有的人都希望自己梦想成真，然而，有了想法如果不去付诸行动，最终只能是做一辈子的追梦人。

出国曾经是多少年轻人的梦想，然而出了国并不是人人都能淘到金子的。只有那些敢想敢说敢做的人才是最后的胜利者。加拿大渥太华斯普林特计算机公司总裁承昊阳就是其中一位，白手起家的他被评为加拿大十大华裔杰出青年。2004年，承昊阳当选为渥太华企业家协会主席。

承昊阳出生在中国哈尔滨，14岁时他和妹妹随父亲来到美国加

州。两年后,他独自来到渥太华上高中。那时生活非常艰难,不得不在学习之余打工挣钱。凭着自己的努力,他考取了卡尔顿大学计算机专业。大学毕业后,怀着一份创业的梦想,承昊阳与人合伙在唐人街开了一家计算机公司。他们坚持诚信待人的原则,半年便收回了成本。不久,承昊阳买下合伙人的股份,开始独资经营。公司发展顺利,店面不断扩大,与商家动辄签订百万元的项目合约。"唐人街计算机公司"得到了广大客户的好评,华人社区报纸多次对其进行专访和报道,公司名气也越来越大,成为当地华人企业典范。

在总结自己的成功经验时,承昊阳说:"有些事情一定要走出勇敢的第一步,才有成功的可能。"他的秘诀是:"很多事情有了想法以后,不要因为太懒惰而不去做;也不要因为太晚而不去做;遇到烦的事情不要烦,而要做。"

承昊阳的成功告诉我们,唯有敢想敢做才能最终成为赢家。

这个世界,商机无处不在。有些人能发现商机,有些人不能;有些人很早就发现商机,有些人则很晚;有些人勇敢地投身于发现的目标,有些人则半途而废。如果做任何事情都比别人多个"心眼儿",没有学历也照样赚大钱。

一个仅有初中文化的江西青年,随着南下的打工潮来到深圳打工,当年三十岁的他,工厂进不去、旅社住不起,曾一度流落街头。好不容易才在某水产养殖场找到一份月薪五百元的杂工,除了吃住,一个月下来工资也就所剩无几。

一天,养殖场捆扎螃蟹的水草用完了,老板叫他找小贩进一批货。他这才知道,这种在海边自生自长的水草竟然可以卖到五块钱一斤,比他在家乡卖水果还赚钱!他的心思一下子被激活了,热血涌向脑门,一股创业冲动使他欲罢不能。

他以一个青年农民的眼光看到了水草市场的低成本高利润,只需"镰刀+劳力",而不必投入什么真金白银,这种"财"实在太适合自己发了。于是,他利用业余时间跑到海边割了几十斤水草晾晒。经过大胆试验,他发现烈日晒干的水草易折断,而树下阴干的水草韧性好。可一般小贩求快,总是把水草放在烈日下曝晒。

他把阴干的水草提供给他的老板,老板用后向他下了长期订单。之后,他不断留心改进水草晾晒工艺,想方设法使自己的水草成为最好的水草。现在,他的水草日产十吨以上,远销江浙沿海,生产工具早就换代了,他自己也"飞上枝头做凤凰"了,从当年受雇于人的小杂工成为业界有名的水草供应商。

为此,他深深感激深圳,感激这一片热土激发了他、锻炼了他、成就了他。其实,更多的因素在于他有一双善于发现的眼睛,有一颗渴望创造的心灵,有一个付诸实践的行动。否则,水草照样是水草,杂工依然是杂工。

看来,有许多事情,心动不如行动,想到不如做到。要想使自己成功得快一些,就要勇敢地尝试一些别人没有做甚至不敢做的事情。

胆子放大一点,步子放快一点

人生最大的无奈是没有本事,最大的欠缺是没有胆识。如果我们拿出勇气有所行动,为改变困境而战,就会渐渐具备不寻常的胆识,便可建立不寻常的事业。

邓小平曾经说过:"胆子要放大一点,步子要放快一点,要有摸着石头过河的精神。"但是在我们现实生活中就有许多墨守成规的人,他们不敢去冒风险,"小富即安"的思想极其严重。当人在困境中煎熬时,没作为、不行动,日子很难过,而辗转反侧睡不好觉、受制于人的日子,终究不好熬!

在瞬息万变的商业市场上,有利的商机随时可能变为不利的挑战,不利的商机也有可能在短时间内变为有利的机遇。关键在于,做事要有"敢想一尺,敢做一丈"的精神。在这个世界上,只有你敢想敢说敢做,才能成就一番大事业。

想起十多年前,当初只有几千元进股市的炒家,几年后就成了百万富翁;当初只有几百元去摆地摊的倒爷,十年后就成了大老板。面对他们的成功,好多人都不服气,会说当初我要是做,一定会比他们赚得更多。不错!你的能力或许比他们强,你的知识或许比他们多,你的经验或许比他们丰富,可是你当初为什么不敢去做呢?这既是胆识的问题,也是性格的问题,胆小怕事的性格束缚了你冒险的步伐。

商业圈里流行这样一句话:冒大险赚大钱,冒小险赚小钱,不冒险不赚钱。

地处俄罗斯西北部的小城摩尔曼斯克市,因处在令人望而生畏的北极圈内,多年来各国商人很少光顾。孙剑涛偏偏冒险在这里开起了首家中餐馆。有人断言,可怕的严寒和"极夜"现象会让他很快血本无归。但结果恰恰相反,短短几年下来,他不仅拥有了一家在当地屈指可数的豪华酒店,还成了家喻户晓的"财富名人"!

谈到自己的成功,孙剑涛感慨地说:"创业有时是需要点眼光和胆量的。胆子要大一点,就是指要克服只求稳妥的弱点,就是要敢作敢为、敢冒风险,相信自己能冲破人生难关。"

胆量不能遗传,关键在于自己,是否能战胜各种困难,积极迎接各种挑战。当然,胆子要大一点不是说要粗枝大叶、盲目蛮干,也不

是说只求前进而不管实际。那不是敢作敢为，而是莽撞蛮干。生活中有野心的人在机遇降临时总会放大胆子一试身手。这类人多数聪明能干，严于律己。

许多人没意识到自己的潜力，过分谨慎就是其中最大的原因。他们知道自己能干得更好，但从没有放大胆子往前冲。同那些成功的人相比，他们有同样的能力，但却甘愿屈居下风，他们看见机遇但不去抓住它们，他们看到老朋友成功了就纳闷为什么自己不行，他们有时也有一些"赚百万元的念头"，但就是不采取行动。在这种情况中，是传统的观念在作怪："不要鲁莽行动，这里很可能有危险，不要去尝试。"在面对是否采取行动的问题上，特别是这种行动涉及冒险时，犹豫不决就会坐失良机。

人生短暂，千万不要被自己的怯懦所束缚，要为自己心中的信念而努力。抱着一种"天再高，地再广，我也要去闯一闯"的信念，让勇气和智慧去当那前进的桨，勇敢去创造属于自己的天空。不要轻言放弃，否则对不起自己！现在还在等什么，赶快背起行囊，为心中的信念而扬帆起航吧！

不怕做不到，只怕不敢想

一个人要想做成大事，就要突破因循守旧、故步自封的思想，充分发挥想像力，时时在大脑中闪现"金点子"。

我们经常认为，只有诗人、发明家等才具有"创造性的想像力"。其实，做每一件事时，我们的想像力都是具有创造性的。为什么想像力能推动创造机能呢？历代伟大的思想家都无法找到答案，但他们皆承认这一事实，而且能加以利用。拿破仑说道："想像力可统治整个世界。"格林·克拉克也说过："人类所有天赋之中，最像神的就是想像力。"爱因斯坦认为："想像力比知识更重要。"

知识是有限的，而想像力概括着世界的一切，推动着世界进步，并且是知识进化的源泉。严格地说，想像力是科学研究的实在因素。想像力这种天赋，是人类创造活动的最大源泉，也是人类进步的主要动力……毁坏了这种天赋，人类将停滞在野蛮的状态中。因此，一个人一生的成就，全归功于他能建设性地、积极地利用想像力。经验证明，许多创造性的想法是在不经意时就如黎明前的曙光一样突然产生，使自己的思想焕然一新。

想像力是这样一个过程，我们可以在思维中构想各种各样的图景，把自己所期望或所想达成的愿望描摹在上面。请你记住这样一个事实，你的思维对每件事物都有一幅图景，你所要做的每件事都描绘在其中。你脑海中的图景其实就是某一具体的计划或者是你生活的某一方面。

人们常常陷入抉择的困扰中，误以为自己只有 A、B、C 三种选择，或仅能在自己所想的选项中做出决定，但事实上，在任何情况下，我们都有无数的选择，包括我们未曾想过或从来没有人想到过的各种可能性。你可以比你想像中拥有更多选择。

只有敢想敢说敢做，才能为自己创造更多可以选择的机会。看看下面这则小故事，相信你肯定会受到很大启发。

有一个农村老头，他有三个儿子。

大儿子、二儿子都在城里工作，小儿子和他住在一起，父子俩相依为命。

有一天，一个人找到老头，对他说："尊敬的老人家，我想把您的

 觉醒

小儿子带到城里去工作，行吗？"

老头气愤地说："不行，绝对不行，你滚出去吧！"

这个人说："如果我在城里给您的儿子找个对象，可以吗？"

老头摇摇头："不行，快滚出去吧！"

这个人又说："如果我给您儿子找的对象是洛克菲勒的女儿呢？"

洛克菲勒是当时美国首富石油大王，老头想了又想，终于被打动了。

这个人又找到洛克菲勒，对他说："尊敬的洛克菲勒先生，我想给您的女儿找个对象。"

洛克菲勒说："快滚出去吧！"

这个人又说："如果我给您女儿找的对象是世界银行的副总裁，可以吗？"洛克菲勒同意了。

这个人又找到了世界银行总裁，对他说："尊敬的总裁先生，您应该马上任命一个副总裁！"

总裁先生摇头说："不可能，这里这么多副总裁，我为什么还要任命一个副总裁呢，而且必须'马上'？"

这个人说："如果您任命的这个副总裁是洛克菲勒的女婿，可以吗？"总裁先生同意了。

这个故事告诉我们，只有想不到，没有做不到！

梦想是能拼能赢者激发生活的原动力，因为在他们看来，做自己想做的事，就是追求自己的人生梦想，并且，一个梦想常常会引导出另一个梦想。我们都听说过某个人在某个领域内达到巅峰之后，继续在另一个似乎完全不相关的梦想上追求另一个高峰，我们觉得这样做很棒，同时也希望自己能接受这种转变，因为我们认为他既然能成就这个梦想，那么他很可能也会在另一个梦想上有出色的表现。

在追求梦想的路上，你可能会无意中发现一个机会，突然间它就呈现在你的面前，你接不接受呢？先评估它，就像你面临其他选择时所做的一样，到底适不适合你、是不是你真心想要的，或只是路途上的一个阻碍。无论如何，你有权选择。正如你勇敢追求梦想一样，你应该敞开心胸、接受各种可能，而不要错过更新、更好的梦想。

那么，你该如何辨别这个梦想究竟是个潜在的危机，还是一个值得追求的新目标呢？检查一下你对它的企图心有多强烈，并问一下自己，这真的是你想要的吗？它此刻是不是你生命中最渴求的事情呢？它是会增长，还是几天之后就会消失的一个念头呢？它是不是符合你对自我以及你与生俱来的使命的认知？它是否违背了你所信仰的真理？如果这个新的梦想与你的价值观背道而驰，那么这个梦想也不会长久。

给你的梦想一点时间，它可能会有新的发展。如果你能让梦想自由发展，给它更多的空间，它就有可能带领你走到一个你不曾预期的地方。

与其放弃，不如一试

不战而败就如同运动员竞赛时弃权，是一种极端怯懦的行为。作为一个成功的经营者，就必须具备坚强的毅力，以及"即使失败也要拼拼看"的勇气和胆略。

每一个成功的人物背后都有一段传奇的故事，但是这样的传奇是由人去创造的，而且我们会发现每一段传奇都会给我们留下一个印象：成功不是偶然的，你必须历经艰难而仍然怀有顽强拼搏的信念，

 觉醒

幸福才会来敲你的门!

为什么幸福还没来敲你的门?是因为你付出的还不够多,是因为你在困难面前放弃了继续追求的勇气,是因为你没想过为了成功放下你的尊严、你的傲气甚至你的小聪明。成功不需要太多的聪明和技巧,决心和忍耐比这些更重要。与其不尝试而失败,不如尝试了再失败。

当年英国首相丘吉尔被邀请到大学搞一个关于成功"秘诀"的演讲。这件事轰动了欧洲,因为丘吉尔本身就是一个顶尖级的成功人士,而他演讲的话题是关于成功的"秘诀",因此会场被挤得水泄不通。

演讲开始前,全场掌声雷动。然而,丘吉尔只说:"成功的秘诀有三个——第一个,是绝不放弃。"他的话语坚定有力、简练精当。人们在兴奋中静听下文。

丘吉尔接着用缓缓的语调说:"第二个,是绝不、绝不放弃!"全场仍在期待着。

"第三个,是绝不、绝不、绝不放弃!"丘吉尔大声地说。

好长时间的寂静过后,是暴风骤雨般的掌声。

人生就好比一次旅行,辛劳和苦难就是我们所不能不花的旅费。而在这一趟旅程中,我们可以得到各种各样的经验。当我们痛苦的时候,可以当做那是我们在旅途中的涉水跋山、走狭路、过险桥。而当我们快乐的时候,那就是我们到达了风光明媚的处所,卸下了行装,洗去了风尘,在欣赏流连。也正如旅行一样,我们不能总在日月潭涵碧楼住着,住一阵之后,我们就又该背起行囊去寻觅下一个佳境了。所以,我们为了追求属于自己的幸福而努力,为了实现自己的梦想而奋斗,即使失败,也不应悔对今生。

世界的改变、生意的成功,常常属于那些抓住时机、勇敢去尝试的人。还有一些自认为聪明的人,对不测因素和风险看得太清楚了,

不敢冒一点险，结果"聪明反被聪明误"，永远只能"糊口"而已。

"勇敢减轻了命运的打击"，这是古希腊哲学家德谟克利特的名言。而人生常常遇到许多难题，做一个勇敢的人便不是一件易事。

成功者与失败者并没有多大的区别，只不过是失败者走了九十九步，而成功者走了一百步。成功者站起来的次数比失败者多一次。当你走了一千步时，也有可能遭到失败，但成功却往往躲在拐角后面，除非你拐了弯，否则你永远不可能成功。

潜能要转化为才能，并不是自然而然进行的，善于发现和肯定自己，是潜能得到发挥的先决条件。我们处于一个竞争激烈和大浪淘沙的时代，应该相信并认可自己的独一无二，要善于发现和肯定自我，发掘自己的闪光点，做自己的"伯乐"，勇敢自荐，只有肯定自己才能实现自己最大的价值。

肯定自己，不要只停留在认知层面上，更重要的是敢于尝试和善于尝试。尝试是机会，是认识和发展自我的机会，也是发挥和发现自己潜能的最好办法。尝试需要勇气，因为也许会遇到困难和失败，但更有可能遇到成功，不尝试则什么也没有，一切如初。尝试使人思索、使人明智、使人练达，明智练达又富有创新精神的人，人生才会卓越，生命才能不同凡响。

如果不是大胆尝试，也就不会出现一位卓越的香港特区行政长官。20岁那年，一位年轻人因为家境贫寒而辍学并踏入社会。那时正赶上经济萧条时期，要想找一份工作无疑很难。一家知名医药企业刚刚贴出招聘科员的告示，就引来数十名应聘者，面试时他被排在了三十多位。

有几位求职者沮丧地从招聘室走出来，说："他们条件很苛刻的，没有大学文凭和两年以上的从业经验者一概不收！年龄也要求25周岁

以上!"门外应聘者呼啦一下散去了很大一部分,但他没有走。

这时,身后有一名应聘者小声地对他说:"小伙子,我看你的条件哪条都不适合,不如走了算了!"他听后,笑了笑说:"机会难得啊,即便是不符合条件,我们也应该有试一试的勇气,说不定就被录用了呢!"应聘者们听后都觉得他有些自不量力。但随后的结果令大家大吃一惊:他虽然未被招聘为科员,但招聘主管却因他形象不错且口齿伶俐,破格录用他做了一名药品推销员。

后来,他凭借着对机遇敢于试一试的勇气,短短的10年时间,就从一名普通的推销员一路飙升为香港政要。并在1998年亚洲金融危机中,敢于动用外汇储备干预股市,以过人的胆识、智慧及谋略捍卫了香港的金融体系。

他就是香港特区行政长官曾荫权。

看来,大胆向前走几步,勇敢地进行尝试是多么的重要!在生活中我们往往因为自身的某种缺陷和不足以及外部苛刻条件的限制,轻易就打起了退堂鼓,甚至连试一试的勇气都没有。曾荫权用自己的人生经历告诉我们这样一个道理:"英雄莫问出处,成功在于尝试。"

尝试,是人生的一道槛,跨过去,风光无限。没有人一生都是一帆风顺的,任何人随时都会碰上磨难,勇于尝试才能获得成功;没有尝试,就会显露出人生的肤浅苍白;离开尝试,就意味着没有了思想之源。尝试,使胆小者不再卑琐乖戾,使强者更加顽强坚忍。

胆量有多大,收获有多大

成功的第一要义是敢想敢说敢做,出手果断,正所谓"十个好点子不如一次真行动"。只有敢于冒险，敢为天下先，才能真正成为人人景仰的成功巨子。

成千上万的人做着创业梦，但只有少之又少的人勇敢地付诸行动。在没有资金的情况下，敢想敢说敢做也是一种资本。当你拥有足够的想像力，在资金短缺的原始积累初期，它能发挥出难以想像的"资本"威力。所谓"撑死胆大的，饿死胆小的"，这似乎是商界一条中外相通的法则。

过去人们一直认为勤奋是成就事业的法宝，但随着时代的变化，现在越来越流行"胆商"的说法，认为胆商也是成功的必要条件之一。越来越多的实证表明，高智商并不一定能成功，智商高只是一种优势。很多高智商者根本无法充分发挥他们的潜能，取得应有的成功。

科学表明，胆商对于成功的重要性已经远远超出了智商。一项对1048名经理人进行的能力测试发现，胆商指数的高低是一个人事业成功与否的重要参数，其次是情商，再次才是智商。

如果说人生、事业、财富像一座座大山，那么高胆商人士就会不畏艰险，不断攀登，把每一个困难都当成一次挑战，把每一次挑战都当成一次机遇，并最后傲立巅峰！而缺乏行动力的高智商者，只能叹为观止。

福布斯富豪榜中的"草根英雄"王传福冒险创业的事迹激励着一代又一代人。他原是一文不名的农家子弟，26岁时便成为高级工程师、副教授。在短短7年时间里，将镍镉电池产销量做到全球第一、镍氢电池排名第二、锂电池排名第三，37岁便成为饮誉全球的"电池大王"，坐拥三亿美元的财富；2003年，他斥巨资进驻汽车行业，发誓要成为汽车大王……他就是比亚迪股份有限公司董事局主席兼总裁王传福。

是什么成就了他青年创业的神话，成为商界奇才的呢？很多人认为答案是智慧、精练和汗水，而他自己则认为："最关键的是要有冒险精神"。

敢于冒险、敢想敢干及当断则断的作风，为王传福的成功带来了致富的传奇色彩。王传福在每次决定冒险之后，都会凭借他独到的技术，细心地实现预期的结果，享受冒险带来的乐趣。但是，王传福从不冒无把握、无计划之风险。每次冒险前，他都有妥善的计划。他认为，成功的冒险并不是盲目的，也不是碰运气，而是在正确的计划和步骤指引下进行的。

王传福相信一点：最灿烂的风景总在悬崖峭壁，富贵总在险境中凸现。冒险精神给比亚迪的初期发展带来了举世瞩目的成就，比亚迪要成为汽车大王同样需要冒险精神，更需要一支敢于冒险的企业团队。

一个人要能拼能赢，首先要把明确的目标和梦想结合起来，因为这是行动的起点。改变事物的一个主要方法就是要有一个明确的目标。在很多情况下，强者之所以成为强者，就是因为他们"敢为别人所不敢为"。走运的人一般都是大胆的，胆小怕事的人往往最不走运。

有一天，心情极度沮丧的威尔逊正在孟斐斯市郊区散步。突然，他看到这里有一块荒废的土地，由于地势低洼，既不宜耕种，也不宜盖房子，所以无人问津。就在这时，一个绝佳的投资计划在他的头脑中形成了。于是，他连忙向当地土地管理部门打听，看看能否以低价收购这块荒废的土地。

得到有关部门的肯定答复之后，他立即结束了自己零售商的业务，以低廉的价格买进这块地皮。威尔逊不仅敢想，而且敢做，这便是"当机立断"。

可是，包括他母亲在内，所有的亲朋好友都对他买进这样的一块地皮表示怀疑。

他们对威尔逊说:"我们不了解你这样做的用意究竟何在?"

"我不太会做零售生意。"威尔逊说,"我想再干我的老本行——盖房子。"

"做你老本行我不反对,可是,像你这样乱投资,买这块地皮简直是毫无道理。虽说价钱的确很便宜,但买下这样的一块废弃而毫无价值的土地,再便宜又有什么用呢?况且,那块地皮太大,整个算起来也要不少的钱,利息的负担也是一笔很大的损失。"

"亲爱的妈妈,这种事我无法向您解释,请您不要再操心了。我做了这么多年的生意,我的判断不会比您差,有一天,您就会了解我的做法。"

"我不是干涉你的决定,"母亲接着说,"我只是提醒你,你的资金不多,要做有效的利用。"

"是啊,"威尔逊的太太也在一旁帮腔,"你已经赔掉十几万了,不能再胡乱冒险,难道我们这么多人的智慧不如你一个人?"

最终,威尔逊说服了妻子和母亲,按自己的想法去做。

不久,威尔逊终于在这个地方创办了著名的假日饭店。在他看来,住惯了高楼大厦、吃腻了加工食品的城市居民们,大都有厌烦都市生活的心理,因此他们乐于在节假日期间回到大自然的怀抱中,呼吸一些新鲜空气,一面观赏大自然的美丽风光,一面在这青山绿水之间放松自己疲惫的身心。而在威尔逊的假日饭店中,他为人们所提供的具有浓郁乡土气息的地道的农庄建筑,再加上农家生产的蔬菜、瓜果等食品,都为久居都市的人带来了一股清新的气息。因此,它一诞生就受到了人们热烈的欢迎,很快,威尔逊首创的这家"假日饭店"就发展到相当大的规模,也为他带来了巨大的经济利益。威尔逊实现了他

自己的诺言，既方便了他人，又为自己带来了利润。

面对竞争激烈的大千世界，成功所需要的是放开胆子敢拼敢打的闯劲。胆子越大，步子越快，你离成功就会越来越近。

一个不敢冒险的人，是根本不可能冲破人生难关的。然而，世上大多数人不敢冒险，他们熙来攘往地拥挤在平平安安的大路上，四平八稳地走着，这路虽然平坦安宁，但距离人生风景线却迂回遥远，他们永远也领略不到奇异的风情和壮美的景致。平平庸庸、清清淡淡地过一辈子，直到走到人生的尽头也没有享受到真正成功的快乐和幸福的滋味。

生命运动从本质上说应该就是一次探险，如果不是主动地迎接风险的挑战，便是被动地等待风险的降临。唯有大胆向前，敢于打破以往的秩序，通过冒险取得胜利后，才能享受到人生的最大喜悦。现代人应该强烈地追求这种境界而不应安于过一种平平常常、千篇一律的生活。

有勇气，才能有运气

一个人有着必胜的勇气，再有着充分的智慧，加之充足的自信，那么这个人就接近了成功的一半。"幸运"可能会使人产生勇气，而勇气也会为你带来运气。

一个人在人生的三岔路口上，对自己人生目标的选择就要有一定的勇气和自信，因为有时在权衡利益关系的得失成败上，没有破釜沉舟的气魄是难成大事的。在勇士的眼中，充满对未来美好生活的憧憬，并向着美好的生活而努力；而在懦夫的眼中，无论做什么事都有危险，认为生活中充满险阻。热爱生活，总是蔑视困难，永远向前，这就是勇士与懦夫的区别所在。

从某种意义上来说，风险有多大，成功的机会也就有多大。由贫穷走向富裕，需要的是把握机遇，而机遇是平等地铺展在人们面前的一条通路，具有过度安稳心理的人常常失掉一次次发财的机会。所以，人生应当抓住稍纵即逝的机会，过度的谨慎就会失去它。在我们身边，许多相当成功的人，并不一定是他比你"会"做，更重要的是他比你"敢"做。

在20世纪40年代，法国著名的服装设计师皮尔·卡丹，以勤奋努力和孜孜好学的精神跻身法国时装界。在当时的法国时装界，只要被认可是高级服装生产行业，就要受到很严格的行业规定的限制，而在当时，在那个限制森严、顾客有限的行业中，按皮尔·卡丹在时装界的声望，已是一个引人注目的风云人物。也正因为那个时代的行业规定只是为少数贵族服务的，也就激发了皮尔·卡丹要为广大消费群体服务的勇气和信念。

大家都知道，如果一个人只满足于现状，停滞不前，是不会有更光明的前途的。因为从你的自身意念上就失去了求进的勇气，那是很可悲的。

立志于社会竞争的人们，一定要杜绝犹豫不决的弱点，不要总盯着可能有的一点点风险裹足不前，在必要的时候就要孤注一掷。不敢冒风险，就不可能有较大的收获。张继东，济南继东彩艺印刷有限公司董事长，大胆靠借来的起步资金在商海打拼成功，就是一个很好的例子。大家对他的一致评价就是"大胆"二字。如果不是因为大胆，或许中国油画界又会多一个虔诚的门徒，因为他曾遵从父命学习油画；如果不是因为大胆，他父亲的企业里会多出一个继承者，因为他

觉醒

的父亲曾是一家企业的厂长；如果不是因为大胆，济南的彩色印刷或许会晚两年起步，因为是他借款13万元攻入彩印市场。

1995年，26岁的张继东不甘于在家族式印刷厂的狭小天地奋斗，而毅然"离家出走"。后来，经过慎重考虑，做出了一个大胆的决定——"另立山头"，自己开办印刷厂。像一般年轻人一样，怀着成功的梦想，张继东和妻子李霞两人走上了创业之路，"主攻"彩色印刷市场。张继东东拼西凑，四处筹借了13万元。1995年8月23日，张继东在南辛庄附近租了150平方米的一个厂房，赊欠了一台印刷机器，成立了印刷厂。

时隔十余年，张继东仍然清楚记得公司成立后的第一桩大买卖："接了第一单大业务，我兴奋得都睡不着觉。"生意取得"开门红"后，张继东的生意一发不可收，当年年底便还清了所欠债务。在公司取得高速发展的同时，张继东又敏锐地捕捉到一些新的商机——数字印刷的市场前景和发展前途是不容置疑的。张继东决定及时转变思路，把市场定位在数字印刷。于是他购买了数码印刷系统。后来，经历了诸多波折和坎坷之后，张继东的事业已如日中天，并一举成为"奥运顶级赞助商"的合作伙伴。

张继东凭着自己的胆量成功了。然而，大部分人都是活在忧虑当中。时而担心自己退步，时而担心自己停滞不前，亦担心自己不能达到某个目标。这是阻碍我们勇往直前、做事不能坚持到底的原因之一。

其实，很多成功的门都是虚掩着的，只有勇敢地去叩开它，大胆地走进去，才能探寻出个究竟来。敢于破禁区者，必有意想不到的收获。

一天，某公司经理叮嘱全体员工"谁也不要走进一楼那个没挂牌的房间"，但他没解释为什么。在这家效益不错的公司里，员工都习惯

服从，大家牢牢记住了经理的叮嘱。

几个月后，公司又招聘了一批员工，经理对员工又交代了一次那句话。这时有个年轻人在下面嘀咕了一句："为什么？"总经理满脸严肃地答道："不为什么！"回到岗位上，那个年轻人还在思考着经理的吩咐，其他人便劝他只管干好自己的工作，别的不用瞎操心，听总经理的没错。年轻人好奇地偏要刨根问底。众人便拿出公司的规章制度，提醒他别砸了手里让人羡慕的饭碗，可年轻人偏偏来了犟脾气，非要走进那个房间看看。

他轻轻地叩门没有反应，再轻轻一推，虚掩的门开了。不大的房间里只有一张桌子，桌子上放着一个纸牌，上面用红笔写着："快把纸牌拿给经理。"年轻人十分困惑地拿起那张布满灰尘的纸牌走进总经理的办公室。经理看到纸牌反而十分高兴，并且宣布了一项令公司内外震惊的消息——"从现在开始，你被任命为销售部部长。"

在后来的日子里，年轻人果然不负所望，不断开拓进取，把销售部的工作搞得红红火火，并很快被提为销售部经理。事后许久，总经理才向众人做了如下解释："这位年轻人不为条条框框所束缚，敢于对上司的话问个'为什么'，并勇于冒着风险走进某些'禁区'，这正是一个富有开拓精神的成功者应具备的良好素质。"

任何冒险总有一个开端，这时候你放弃它会使你少受或者不受损失，但那个时期会很快地消逝。当时间已经过去，机会已经溜走，你所处的环境的黏合剂就会迅速固化，你的双脚就被牢牢地粘在那里，也许是一辈子。

然而，人们的冒险精神似乎是随着年龄增长而逐渐消退的，一方面是由于人们在经历失败以后容易产生挫折感而泄气，如果没有适度的激励因素，就会倾向减少冒险尝试，以减少失败的打击；另一方面

 觉醒

是传统的教育观念使然,长者基于保护幼者的心理,小孩子一旦做出任何危险行为,马上会受到大人们的谴责,因而养成"安全至上,少错为赢"的习惯,立志当个不做错事的乖孩子。当人们的冒险精神逐渐消退之际,"逃避风险"便成为一种习惯。虽然规避风险并不是坏事,但过度的规避风险就会成为投资致富的严重阻碍。

有胆有识,才能有为

　　胆识是我们人人都有、天天都要用到的一种品质,认识到这一点并付诸行动,就能改变自己的命运。
　　胆识是一种能力,它帮助我们去做某种使我们在本能上感到害怕的事情。我们每天都会经历到,比如,害怕被人嘲笑,害怕失败,或是其他什么使我们内心想要退缩的事情。我们之所以退缩,是因为在退缩之后我们才感到安全。如此一来,尽管我们得到的不是我们内心期待的东西,但至少我们会感到舒适。我们常常将胆识与勇敢联系在一起,但勇敢可能更多地表现为生活处于危险境地时一种非同寻常的果敢反应。
　　中国古代有一个"完璧归赵"的故事。说的是赵惠文王得到"和氏璧"后,事情很快被秦昭襄王知道了。秦王于是就派使者带了国书去见赵惠文王,说情愿拿出15座城池交换和氏璧。赵王便召集大将军廉颇和其他大臣商议此事,可商量了半天也没有结果。事情之难在于,如果答应秦王,多半是上当而得不到城池;若不答应,又怕秦军来攻。此外,也没有人能担当答复秦王的使者。
　　这时,宦官长缪贤的门客蔺相如说:"秦国说用城换璧,如果我们

不答应，那么错在我们；如果我们交了璧而秦不给城，那么错在秦国。依我之见，宁可答应秦国，让他们担当'因不交城而不守信用'的罪名，也不要让我们承担罪名。"

赵王问："你愿意作使者去秦国吗？"

蔺相如说："我可以走一趟。秦若交了城，我就把璧留下；秦若不交城，我就把璧完整地带回来。"

于是，蔺相如来到秦都咸阳，向秦王进献了和氏璧。

秦王看完璧，非常高兴，把它传给左右的美人和臣子们观赏，却唯独不提交城之事。蔺相如在一旁等了半天，知道秦王没有交城的意思，就上前去说："大王，此玉有一块瑕疵，请让我指给您看。"秦王不知是计，就把璧交给了他。

蔺相如拿到璧后，后退几步，背靠石柱，怒发冲冠地说："当初，大王派使者送信来，说是情愿拿15座城池来换这块璧，于是赵王诚心诚意地斋戒了五天，然后叫我送来玉璧。可是，大王却态度傲慢，不在朝廷正殿接见我，拿了璧又传给美人，故意戏弄我。我看大王根本没有诚意，所以不得不又把璧拿了回来。大王如果逼我，我就将脑袋和璧同时碰碎在这根柱子上！"说完低头举璧，对着柱子就要撞。

秦王一见，连忙道歉，马上把管图籍的官吏叫来，假装在地图上指指点点，要把某城某城割让给赵国。蔺相如知道，这不过是欺骗，便说："和氏璧是闻名天下的珍宝。赵王送璧时曾斋戒五日，大王也应斋戒五日，并在大殿上备设隆重的九宾大典，我才敢献上和氏璧。"秦王只好答应，叫人把蔺相如送到住处。当晚，蔺相如派自己的随从人员，穿着破旧的衣裳，怀里藏着和氏璧，从偏僻的小道偷偷地逃回了赵国。

秦王斋戒五日后，果然又设九宾大礼接见蔺相如，可当知道蔺相

觉醒

如已派人把璧送回国时，不禁恼羞成怒，立即喝令武士把蔺相如绑了过来，恨不得立即杀了他。

蔺相如说："慢！请让我把话说完。天下诸侯谁不知秦国强、赵国弱？如果秦国真的能先割15座城池给赵国，赵国绝不会为一块璧而得罪大王。我深知欺骗大王，会受烹刑，就请用刑吧。不过，我的话还请大王三思。"秦王想，即使杀了蔺相如也得不到和氏璧，反而会破坏两国的关系，还不如放他回去。

就这样，蔺相如凭自己的大智大勇和如簧之舌，终于完璧归赵。

与其说蔺相如是依靠自己的勇敢取得了胜利，还不如说是凭借自己超人的胆识战胜了秦王。

要做一个成功的人，必须有过人的胆识和气魄，也就是要敢做别人想不到的，或者别人想到了但不敢去做的事情，所谓"撑死胆大的，饿死胆小的"，似乎是一条古今一理、中外相通的法则。

一位原籍北京的中国留学生刚到澳大利亚的时候，为了找一份能糊口的工作，骑着一辆破自行车沿着环澳公路走了数日。在这期间，他替人割草、放羊、收庄稼、刷盘子，只要有人能给口饭吃，他就会暂时停下他那疲惫的脚步，打工糊口。

有一天，正在唐人街一家餐馆刷盘子的他，偶然在报纸上看到了一条澳洲电信公司的招聘启事。他担心自己的英语不地道、专业不对口，就选择了线路监督的职位去应聘。

过五关斩六将，眼看着就要得到那年薪35000澳元的职位了，不想，招聘主管却问了他一个出人意料的问题："你有车吗，会开车吗？这份工作时常要外出，没有车寸步难行。"

初来乍到，糊口都成问题，能有车吗？但为了得到那个极具诱惑力的职位，他不假思索地回答："有！也会开！"

"那么，三天以后你开着车来上班吧！"主管说。

几乎身无分文的他在三天时间内要买车并学会开车，谈何容易！但为了生存，这位留学生向他的一个朋友借了500澳元，在旧货市场上买回了一辆旧的不能再旧的甲壳虫轿车。

第一天，他看着朋友开车；

第二天，他自己颤抖着双手在草地上歪歪扭扭地开车；

第三天，他开着那辆老爷车左右摇晃着去上班了。

如今，这位中国留学生已经是那家电信公司的业务主管了。我们不清楚这位留学生的专业水平，但我们不得不佩服他的胆识。这位中国留学生当初在应聘时如果稍一犹豫，不拿出一点置之死地而后生的破釜沉舟的劲儿，不把自己置于悬崖边上，说不定至今仍在哪家餐馆刷着盘子，或者给哪个农场主剪着羊毛。

当我们有了这样超人的胆识，就不会安于现状，也不会留恋过去，不会让知足与惰性主导我们的行为。很多不敢为的人就有满足现在、留恋过去的心态，总喜欢对目前所取得的一点小小的成就沾沾自喜，对过去一些微不足道的所谓成功逢人便津津乐道，或是脑子里总想着黑暗、沮丧、失败、绝望。这样只会使人变得越来越消沉，以至于一事无成。日复一日，年复一年，在常规中度过一生，无所作为。

抢先一步，领先一路

在任何行业只要能够比别人领先一步，你就能够抢占先机，在行业中处于竞争优势。

中国有句俗语：一步赶不上，步步赶不上。起跑领先一小步，人生领先一大步。围棋上有句口诀："宁丢数子，不失一先。"因为有了先手，就有了主动权，就能处处先发制人。如果将这个道理用在经商上，就是宁愿冒最大的风险，哪怕付出一定的代价，也要抢在对手前面占领市场，因为抢先一步就意味着商战能取得胜利。任何行业早做就比晚做强。抢先做的人优势会越来越明显，迟到者则很难抢回已被占领的市场。

抢先一步，占领制高点，就是成功！在生意场上素以"敢为天下先"自称的温州人，处处显露出抢先一步的才干。他们常说："投资不大，搏一搏，当做练兵；风险不大，试一试，当做学习。"在竞争激烈的时代，要如何在同辈之间冒出头？其方法就是要比别人多学一点点功夫，这一点点功夫常常就会在关键时刻让你比别人多一些机会。

温州人的抢先精神是全世界出了名的。甚至有人说："哪里有商机，哪里就有温州人。"

2006年1月1日是新《公司法》实施的第一天，当天上午，温州市民王毅诚抢先注册领取了全国首张个人公司营业执照。温州市工商局注册分局特事特办，放弃节日休息为他颁发执照，让他早日开业做生意。这是全国首家"一人有限公司"。

在法律上明确承认一人公司合法存在，有利于鼓励公民和企业的自主创业，吸引民间资本，扩大就业渠道。王毅诚开的是温州市温信电脑租赁有限公司，注册资金为10万元。精明能干的温州人，这回再一次走在了前面。

信息社会，网络时代，时时有机会，处处有黄金。抢先一步收集信息，抢先一步瞄准市场，抢先一步付诸行动……当对手恍然领悟时，聪明的人早已经领先一路了。

古往今来，大凡走好运的人，都得益于他们所拥有的果敢性格与心态。世界上没有一件可以完全确定或保证的事。成功的人与失败的人，他们的区别并不在于能力的大小或学历的高低，而是在于做事的决心、适当冒险的个性与采取行动的勇气。

在今天的这个社会中，有很多的东西都是迅速的。有些东西，你今天能够看得到，明天就能摸得着；你今天在这里没有看到，明天就可能在那个地方看到；你今天在这里看到没有买到，你明天就有可能在那里买到；即便在现实生活中无法看到，你也可以利用现代的网络科技在网络上看到，或者可以买到……所以，这个社会给了我们许多想像的空间，给了我们很多发展的空间。

只要每个人能够即时抓住机会，敢于领先一步，无论小富、中富、大富，你都一定能够富起来。机会是一种稍纵即逝的东西，而且机会的产生也并非易事，所以当机会出现时切不可轻言放弃。

老鲁奋斗的经历就像一场斗智斗勇的战争，最终以智慧和坚忍赢得了市场的认可。老鲁并不老，只有三十几岁，但他已经是燕园菁华语言教育中心的董事长，大家叫他"老鲁"是因为他在业界的权威和资历。老鲁大学毕业后放弃了诱人的工作和不菲的薪水，从80元起步，到如今创下了上千万规模的培训市场。如今，三星等大企业常年在他的学校为员工培训。老鲁也实现了自己在大学时代的创业梦想。

老鲁的经验是：创业不但要不断创新，而且要抢先一步，当别人把招生海报贴到校园的时候，他把海报已经发到宿舍；当别人把海报发到宿舍，他已经印成报纸人手一份。当其他培训机构只顾规模扩张时，老鲁已经开始给学生营造纯外语氛围的培训机构。

天下又有谁知道，当初前期宣传需要大量印刷海报，而他手里只有80元钱！第一次印了1000份海报，把手里的80元交完后还欠100多元，只能把呼机抵押给印刷厂。

美国著名成功学大师皮鲁克斯有一句名言:"先人一步者,总能获得主动,占领有利地位。"

的确,机会很重要,你对机会的反应同样重要。当机会来临时,反应敏捷的人是先人一步抓住机会。因为机会不等人,稍纵即逝,再者机会对别人也是公平的。中央电视台"幸运52"的口号就是"谁都有机会",那么最终谁能抓住机会呢?答案是反应敏捷就会"捷足先登"。

中国古代有这样一个故事:有三个财主在一起散步,其中一个首先发现前方躺着一枚闪闪发光的金币,眼神顿时凝固了!几乎同时,另一人大叫起来:"金币!"话音未落,第三个人已经俯身把金币捡到自己手里。

这个故事告诉我们:在机遇面前,眼快嘴快都不如手快。生活中不少人发现了机遇,但是不能立即通过即时的行动去抓住机遇,所以最终导致与机遇失之交臂。

在企业界,有很多成功的大企业家并没有学过经济学,肚子里也没什么"墨水",他们成功的关键就在于行动快速:一旦发现机遇,就能把机遇牢牢地"抓"在手中!《英国十大首富成功的秘诀》里分析当代英国顶尖首富的成功秘诀时指出:"如果将他们的成功归结于深思熟虑的能力和高瞻远瞩的思想,那就失之片面了。他们真正的才能在于他们审时度势后付诸行动的速度。这才是他们最了不起的,这才是使他们出类拔萃、位居实业界最高、最难职位的原因。'现在就干,马上行动'就是他们的口头禅。"

勇于走进某些禁区,你会采摘到丰硕的果实。打破条条框框、勇为天下先,你才会与好运有缘。

不入虎穴，焉得虎子

有句老话说得好："舍不得孩子套不住狼。"在这个世界上，没有天上掉馅饼的事情，想要得到什么，必须要有一定的付出。

安稳谨慎的生意，虽然能赚钱，但都是赚小钱的多，赚大钱的少。因为追求安稳就会随遇而安，难以看到更高远的利润；因为谨慎不敢冒险，近在咫尺多跨一步的机会就会错过，就没有短时间聚集财富的可能。所以想做大生意的人一定要记住：不冒任何风险的生意可能是最冒险的生意。

冒险，几乎是所有行事果断的人所热衷的事。敢于冒险，敢于挑战极限，才能体验生命的壮观。在一个人做出果断决策的同时，就意味着有两种情况发生：一种是成功，一种是失败。如果我们没有足够的信心和勇气去承担这份风险，那么做到果断是一件很困难的事。

在生意场上，很多时候风险和利益的大小是成正比的。如果风险小，人人都想追求，这种生意收益也就有限；如果风险大，许多人都望而却步，能得到的利润空间也就大。

作为一个想干出一番事业的人，需要的就是那种敢于冒风险的精神。因为风险有时可以变成压力，压力可以变成动力，动力可以变成效益。这里容不得怯懦者立足。不敢冒风险，不愿担当风险，就不会成功。

很久以前，有个专门画老虎的画家，叫厉归真。刚开始，大家看了厉归真画的老虎，都说要么像条狗要么像只死虎。厉归真听后很难过，下决心一定要把虎画好。于是他带上干粮和纸笔，在深山老林里

 觉醒

一棵大树顶上搭了一个棚子。他藏在棚子里,等候老虎出来,以便观察老虎的神态和动作。

半夜里,老虎果然来了。一声雷鸣般的吼声,震得山摇地动。厉归真连忙壮着胆儿探出头来,拿着纸和笔,把老虎走路的样子很快地画了下来。就这样,每天等老虎一出来,他就赶紧抢时间画。过了几天,他把老虎的跑、跳、卧、怒以及捕食的场景都一一画了下来,一共画了100多张。

回到家里,厉归真又从猎人那里买了一张老虎皮,一有空就披上虎皮在院子里蹦蹦跳跳揣摩老虎的神情。经过这样反复刻苦的练习,厉归真画的老虎栩栩如生。

但凡成功人士都明白没有付出就没有收获的道理,任何一次成功都不是轻而易举就能够获得的,每一次成功都需要承担一定的风险,只图安逸而没有冒险精神的人是不会有大的成就的,自古至今都是这样。

汉明帝时,班超奉命带领36人去西域都善国,谋求建立友好邦交关系。刚到该国,都善国王对汉朝使团十分恭敬殷勤,但几天后,态度突然变了,变得越来越冷漠。班超警觉起来,派人打听,原来是匈奴的一个130多人的使团正在暗中加紧活动,向都善国王施压,欲把都善国拉向北方。形势十分严峻,班超对大家说:"现在匈奴使团才来几天,都善国王就对我们逐渐疏远了,倘若再过几天,匈奴把他彻底拉过去,说不定会把我们抓起来送给匈奴讨好。到那时,我们不但完不成使命,恐怕连性命都难保!怎么办?""生死关头,一切全听您的。"随从们态度坚定,但也表示出担心,"我们毕竟只有三十几个人,我们能怎么办呢?"班超斩钉截铁地说:"不入虎穴,焉得虎子。今天夜里就行动,以迅雷不及掩耳之势,一举消灭匈奴使团!唯有如此,

才有可能使都善国王诚心归顺我们汉朝。"当天深夜，班超带领36个人，借着夜色掩护，悄悄摸到匈奴人驻地，对130多人的匈奴使团、几倍于自己的敌人，毅然发动了袭击，并一举歼灭了他们。第二天早晨，班超捧着匈奴使者的头去见都善国王，国王大惊失色。匈奴使者被杀，都善国王已经不可能再和匈奴人和好，于是只好同意和汉朝永久和好。

人就应该有冒险的精神，如果不敢冒险，班超又怎能使两国关系和好？蔺相如又怎能"完璧归赵"？敢冒风险是决策中不可缺少的因素，特别是在当今充满竞争的时代，企业要想在竞争中生存发展，必须敢于去冒风险，在风险中发现机会，把握机会。

该出手时就出手，不要被事物的外表唬住，战胜"恶魔"首先要战胜自己！看似最危险之处，也许就是安全之处，事物规律并非人们预料的那样，往往有它特殊的一面。

如果决策者缺乏应有的魄力和勇气，一味谨慎小心，束缚自己的手脚，把风险视为威胁而不去挑战，不敢正视风险，便不能制定风险型发展决策，肯定会失去很多发展的机会，也难以到达成功的彼岸，只能空留遗憾。在得失的选择上，既要慎重，又不能过分保守，否则很难成就一番大业。

敢拼不硬拼，斗智不斗力

成大事者拥有精明的头脑，善于控制自己的情绪，他们遇到比自己力量强硬的对手时，采用"斗智不斗力"的策略，而不是硬拼、硬撞。

 觉醒

成大事，需要一种敢为他人所不敢为的勇气与胆识，但有时候要懂得避开锋利的一面，不去正面冲突。只有把自己暂时的利益置于不顾，才有可能最后获得别人所无法企及的高度。有时，甚至得冒牺牲自己的短期利益的危险。但也正是因为别人都能看出这种利害而不敢贸然去做，你才能独享这一创意的果实。

硬拼、硬撞是一种不明智的行为，一步到位的思想不仅起不到收益的效果，还会把事情越搞越糟。塞万提斯笔下的堂吉诃德，把郊野的风车当做巨人，竟然提着长枪、骑着飞马与之战斗，结果被风车刮倒在地。虽然他是勇敢的，但又是那么荒唐、可笑。现实中，没有人愿意学习堂吉诃德的那种英勇无畏。

《史记》里记载了这么一个小故事，项羽要与刘邦独身挑战，"愿与汉王挑战决雌雄，毋徒苦天下之民父子为也"。意思是，我们两个人一决雌雄就行了，何必苦天下之人民呢？刘邦笑谢曰："吾宁斗智，不能斗力。"什么原因呢？当时，楚霸王年纪轻，力量大，身体强壮，单独比武打斗，刘邦根本不是他的对手。所以刘邦宁愿跟他斗智，也不能跟他斗力。

刘邦的做法是明智的。聪明人无论做什么事情，都是"宁斗智，不斗力"，他们认为靠智慧取胜方为上策。鲁迅先生作为一个文化战士，为了进行长期的战斗，经常更换笔名。据考证，鲁迅先生一生用了140多个笔名，这在世界文化史上都是罕见的。他的战斗是非常成功的，这得力于他采取了一种"斗智不斗力"的高明策略。

下面这则寓言故事，经常用来教育孩子遇到困难时要先动脑子，不要鲁莽拼命，草率行事。

一个孩子在山上种了一片稻谷。稻谷快要成熟的时候，被野猪发现了。野猪钻进地里吃了一些，糟蹋了一些。

孩子找野猪去讲理。野猪满不在乎地说："你的稻谷是让我给糟蹋了，你想怎么样呢？"

孩子说："我要你赔。"

野猪说："如果我要是不赔呢？"

孩子说："那我就叫你知道我的厉害。"

野猪说："你还是算了吧，我有的是力气。"

孩子说："我光听说野猪笨，没听说过野猪有力气。"

野猪发火了，指着一块大石头说："等我把这块石头扔到山下去，你就知道我的厉害了。"

野猪背起了大石头，故意在草地上走了一圈儿，它顺着陡坡把石头扔下山去。石头发出隆隆的巨响。野猪得意地哼了一声。

孩子说："背石头不算力气大，你能拔下一棵树，我就相信你的力气大。"

"那你就看好了！"野猪说着，吭哧吭哧拔起树来。最后，真的把一棵松树给拔下来了。

孩子说："你能把松树拖到前边的河里去吗？如果你能把树扔到河里，让它像船一样漂起来，我就服你了。"

野猪真的把大树拖到河里了。可是，它已经累得筋疲力尽，站进河里以后，本想爬到岸上来，却"扑通"一声落到水里去了。孩子趁机跳过去，揪住野猪的耳朵，把他的脑袋摁到湖里，灌了他一肚子水。

野猪告饶了，答应了孩子的要求，给孩子赔偿：自己要当一头牛，学会拉犁，帮那个孩子种地去。

由此看来，遇到什么事情，都要靠智慧取胜。俗话说"四两拨千斤"就是这个道理。

"大胆"不同于"鲁莽"，二者是有本质区别的。如果你把一生的储蓄孤注一掷，采取一项引人注目的冒险行动，在这种冒险中你有可能失去所有的东西，这就是鲁莽轻率的举动。如果你尽管由于要踏入一个未知世界而感到恐慌，然而还是接受了一项令人兴奋的新的工作机会，这就是大胆。

　　胆略是胆量，战略是方法。胆略与战略的关系是潜能与智慧的关系，其间的微妙关系也不是纯粹一成不变的。西楚霸王自刎乌江是胆略有余，战略不当；周郎火烧赤壁是胆略宏张，战略得当。如果把胆略和战略运用得恰到好处，定能无往而不胜。

第五章
敢于亮剑

> 孟子说:"道之所在,虽万千人逆之,吾往矣。"精神的力量可以是无限的!困难并不那么可怕,只要拥有积极向上的心态,就有战胜一切的可能。凡成大事者,必须具备敢想敢说敢做的大无畏气魄。"亮剑精神"就是首先从气势上压倒对手,彰显出无所畏惧所向披靡的王者之气。面对强大的对手,明知不敌,也要毅然亮剑,决一高低。

拿出你的气魄来

做事情如果有了大将风范,再加上帝王的胆识和魄力,敢想敢说敢做,会做事,做好事,你将注定是一个不平凡的人。

但凡英雄人物,都拥有无所畏惧的思想,无时无刻不在激励自己,绝对不能成为一个懦夫、一个胆小鬼。纵观古今,想成大事者,无论是领导还是普通职员,只要对一件事情负责,全盘去处理这件事情,光有能力是不够的,还必须要有一定的魄力!

觉醒

战争年代，首先从气魄上压倒敌人就能取胜；和平年代，从气魄上超过竞争对手同样能获得成功。

遇到事情举重若轻、沉着冷静是有气魄；拿得起放得下是一种气魄；对自己的事业人生负责是气魄；对深爱的女人负责也是气魄；做错了事敢于担当是气魄；苦苦忍耐是气魄；尊敬你的竞争对手也是气魄；一览众山小，君临天下，舍我其谁的那种领袖气质，是大气魄。

历史上比较有大气魄的人物，有两个人不得不提：一个是曹操，一个是毛泽东。"对酒当歌，人生几何"，"何以解忧，唯有杜康"，"老骥伏枥，志在千里"。每一字每一句无不昭示出这种大智慧，大气魄。

赤壁之战，虽然遭到了火烧连营，人困马乏，灰头土脸，狼狈逃窜，但依然处处听见曹操爽朗的笑声，指点江山，豪气不减。"我笑那诸葛亮、周瑜，缺少智谋，若在此处伏下一军，我命休矣！"他的笑声依旧那么愉快、健朗。关羽应声而出，然而士气旺盛、兵精将勇的刘备军队竟慑服于曹操的气魄，不战而退。《三国演义》里作者用"三次大笑"深刻写出了败军主帅曹操的气魄、才干、见识。

自古以来，中国戏剧里演的曹操是奸雄，老百姓也普遍认为曹操是历史上的坏人。然而，毛泽东却从1954年到1975年，多次不厌其烦地评价曹操，认为曹操是大英雄。例如，1957年4月10日，毛泽东与《人民日报》负责人谈话时说："小说上说曹操是奸雄，不要相信那些演义，其实，曹操不坏。当时曹操是代表正义一方的，汉是没落的。"

毛泽东还曾经说过："我还是喜欢曹操的诗。气魄雄伟，慷慨悲凉，是真男子，大手笔。"颇透出古今两大枭雄惺惺相惜之意。而毛泽东更是将伟人之大气魄、诗人之大手笔、兵圣之大智勇，浑然集于一身。"到中流击水，浪遏飞舟"；"俱往矣，数风流人物，还看今朝"；

"不管风吹浪打,胜似闲庭信步"……毛泽东的诗词像他的书法一样,巨龙腾跃,力劲透钢,大有金戈铁马、气吞万里之势。

美国前总统尼克松的儿子访问中国后,深有体会地说:"五里以外就感到了毛泽东的呼吸。"这就是气魄的魅力!可见,毛泽东当时对美国乃至整个世界的影响之大、之广、之深。

看共产党人走过的路,靠精神力量和气魄进行了二万五千里长征。最终用小米加步枪打败了有飞机大炮的国民党军队,这就是领袖的精神和气魄!

"魄力"就是一个人处理和对待问题时,能发挥主观能动性,忽略不重要细节对整体的影响而做出正确的决定或选择,从容,干练,从不拖泥带水,有一定的鼓动性或者说是带动性。魄力是一种人格魅力。优柔寡断容易错失机遇,遇事不决常会降低效率,谨小慎微导致裹足不前。

商场如战场,成功的企业家必须要有临危不惧的胆识和果断的作风。"心地厚,魄力大"说的是同样的道理。

备受社会各界广泛关注的新时期慈溪企业家精神,最后确定为"溪海精神",即"溪的性格、海的气魄"。顾名思义,"溪的性格"重点反映出慈溪地域特色,体现慈溪企业家与生俱来的灵动、勇毅、诚朴等性格特征;"海的气魄"重点反映企业家开阔博大的胸襟、刚健豪迈的胆魄和自强不息的进取精神,主要特征归纳为开阔、雄健、进取。

一个人如果有了勇往直前的气魄,敢想敢说敢做毫不畏惧的气概,有了藐视困难的勇气,离成功就不远了。如果不敢去跑,就不可能赢得竞赛;如果不敢去战斗,就不可能赢得胜利。由大智中产生大勇,由理解中加强信心,是最坚毅的大勇与最坚强的信心。

当然,任何魄力都必须以能力为前提,能力是魄力的基础。没有

能力作核心，魄力就会表现为有胆无识、鲁莽行事，武断而不是果断；没有能力作翅膀，魄力就只能在地面跋行，根本无法飞上蓝天；没有能力作骨骼，魄力就是一尊泥塑，经不起狂风暴雨和时间的冲刷。魄力是把"双刃剑"，将能力作为剑柄，这"剑"才能为我们披荆斩棘，开辟道路；否则，就可能伤着自己，危害他人，影响工作。

掌好命运之舵

只有平庸的人，没有平庸的命运。许多人之所以成为平庸的人，究其原因是他们的志向随着命运的改变而改变，一步步庸俗化，从而最终失去改变自己命运的雄心壮志。

一个觉得命苦的人来到一位禅师面前说："我的命好苦，命运对我太不公平了……"

禅师笑一笑说："把你的左手伸开，我来看看你的命相。"

禅师看了他的手后，指着他手心的一条线说："这是你的命运线，你把你的手握住，你的命运不是掌握在你的手中吗？"

那个人恍然大悟！希望你也能明白，你也能成功！

古往今来，人们一直都在思考命运，关注命运，希望自己能够有一个好命运。但是，命运是什么？这个问题却一直没有人能够作出正确的回答。如果说命是一部车，运是条条路，你是驾驶者，那么道路如何走是你在决定。

命就在你的手中，运就在你的脚下，抛开那些骗人的迷信观念，不要相信命运是上天安排的，就会对命运作出正确的认识。只要意识到命运在自己手中，通过自己的努力，就一定能够主动改变自己的命运。漫漫人生路，不要留恋逝去的梦，把命运掌握在自己手中，艰难前行的人生途中就会充满希望和成功！

在元朝的时候，有个贫穷的农村青年让算命先生给自己测一下将来。那位算命先生对青年说："你只能一生贫穷，最后孤独地死去。"

青年一听这话，立刻丧失了生活的信心。后来，他索性连田也不种了，从早到晚借酒浇愁，变得整天昏昏沉沉、无精打采。他把人生看得颇为消极："反正再怎么辛苦干活儿，也无法摆脱穷困的生活。努力不努力，结果都一样。有什么必要对身边的事情看得那么认真，一切都已是命中注定……"

有一天，村里来了个和尚。他问青年："你为什么不干活儿？"

青年就重复着算命先生的话说："命中早已注定，努力也是白费。"

于是和尚便对青年说："你错了！不能听信算命先生骗人的话。"接着，他苦口婆心地解释道："你完全误解了算卦的含意，算卦并不能预测将来的命运。因为卦本来就代表着变化，如果命运是一成不变的，怎么能用卦算出来呢？所以说，命运每天都在发生变化，不仅如此，它还能朝着你所期望的方向转变。"

青年听了和尚的教诲，心中豁然开朗："是啊，你说得不错。"

从此，青年一边务农，一边发奋读书。他的命运也渐渐发生了转变。因为结识了一位有名望的学者，并且有缘成为他的弟子，青年在学识方面取得了长足的进步。数年以后，他终于通过了严格的科举考试，成功地当上了大官。算命先生给他算过什么时候会死，也没有应验，他活得健康且长寿。

这个故事告诉我们一个道理，那就是命运完全能够靠自己的心态、能力和行为来加以改变。

曾经有一部名为《保姆历行记》的中篇纪实小说，这部内容真切、

情节感人、文笔流畅的小说一经刊登,立即引起社会上不少人尤其是青年读者们的极大兴趣,无不为书中所描述的女主人公为了实现"当一位作家"的梦想而在坎坷人生之路上奋力拼搏的精神所感动。

其实,此书的作者是一位当保姆的打工妹,书中所描述的全部故事实际上就是她本人打工前后经历的艺术再现。她的名字叫殷秋敏。

她为了写作,经历了十五年的艰难困苦,吃尽了人间的酸甜苦辣。能够有今天,就是因为在她的心里有一个永远不消失的梦想。19岁高中毕业时便做起"作家梦",当时被人戏谑为"疯子"。但是她并不在意,为了实现其当作家的人生追求,这位"疯子"可真是"疯"到了头。不说别的,一般农村姑娘到了20岁大都已出嫁,而她一拖再拖,直到27岁才嫁人。

谁知,她一结婚就陷入了家庭生活的困境,她的丈夫不支持她的创作,要求她作一个贤妻良母,过平常人的日子,还一把火烧了她的书稿。然而,这也未能中断她的"作家梦"。为了实现这个梦想,她一气之下与第一个丈夫"拜拜"。第二次经人介绍,远嫁到山东,虽然第二个丈夫较前一个宽厚得多,至少不会烧她的书稿,但家境的贫困以及由此带来夫妻关系的恶化,使她意识到,当作家还有个附加条件:先填饱肚子。于是,在一个漆黑的夜晚,她悄悄收拾好包括未写完的书稿在内的行李,趁丈夫和女儿熟睡之机,跑到沧州火车站,爬上了北上的火车,从此开始了她打工的流浪生活。

她先是到天津某餐馆打工,尚未办理手续就被警方作为"盲流"抓住并送回原籍。途中她设法跑了出来,靠给人打短工挣钱,后来,买票南下到了广州。在广州两年多的时间里,她给人家当保姆,劳累之余继续坚持写作。其间,曾因遭人白眼,或是听不得人家不顺耳的话而三次"跳槽",尝尽了人间苦头。即便如此,她也未停止过写作,就是凭着这股倔劲，她不但完成了一部16万字《她疯了》的长篇小说，而且还将其南下给人当保姆打工的经历整理成一部4万多字的纪实小说，这就是发表于广州某报纸的那部《保姆历行记》。这位做了15年"作家梦"的农家女总算得到了社会的回报。

当保姆的打工妹居然成了作家，这在常人看来的确是不可想像的。但正是从这一不可想像的事实中，我们不但看到了有志青年为了实现其人生价值而矢志不移、奋发向上的进取精神，同时也深刻地领悟到一个人只要积极地投身于社会、服务于社会，其人生价值就一定会得到很好的体现。正如爱因斯坦所说："人只有献身社会，才能找到那短暂而有风险的生命意义。"

困境可以磨炼人的意志，但是，意志是为了梦想而存在，没有梦想，意志就失去了存在的意义。困境在某种意义上是对"有梦想的人"的一种考验。

心有多大，舞台就有多大

拿破仑曾经说过一句名言："不想当元帅的士兵，不是好士兵。"这是对雄心最好的诠释。纵观古今，博览中外，不难发现，那些成大事者都是因为胸怀一颗想当元帅的雄心而获得成功的。

一个人雄心越大，得到的就越多；雄心有多大，获得的成功就有多大。中国有这样一句古话："取乎其上，得乎其中；取乎其中，得乎其下。"意思就是，如果你的目标定得高，得到的往往低于这个目标，如果你的目标定得适中，结果获得的也会低于这个目标许多。可见，要想成就大事，就一定要制定高远的目标，要有远大的雄心。有雄心的人，已成功一半；无雄心的人，注定平庸一生。

三个工人在砌一面墙。

有人过来问："你们在干什么？"

第一个工人没好气地说："没看见吗？砌墙。"

第二个工人抬头笑了笑说："我们在盖一幢高楼。"

第三个工人边干边哼着歌曲，他的笑容很灿烂："我们正在建设一个新城市。"

10年后，第一个工人在另一个工地上砌墙；第二个工人坐在办公室中画图纸，他成了工程师；第三个工人呢，是前两个工人的老板。

一个人没好气，一个人笑，一个人哼着歌曲，相同的工作，不同的心境。其实，你手头的小工作正是大事业的开始，能否意识到这一点，意味着你能否成就一项大事业。

在成功的旅程上，有些路段常常存在着风险，那些胸无大志、胆小如鼠，掉个树叶也怕砸脑袋的人是很难通过这段路的，更不要说摘取前边树上那诱人的果实了。而那些胸有雄心、敢于冒险，具有不寻常的胆识的人，却是别有一番收获。

一个有雄心的人如果下定决心做成某件事，那么他就会凭借胆识的驱动和潜意识的力量，跨越前进路上的重重障碍，成功也就有了切实可靠的保证。

康多莉扎·赖斯，一个出生在美国黑人家庭的女孩子，11岁的一天，父亲带她到白宫参观时，她说："早晚我会在这座房子里工作的。"后来她真的被布什总统提名接替辞职的国务卿鲍威尔，被媒体称为华盛顿"最有权力的女人"。

赖斯的成功完全是靠她的奋斗。她相信一条严酷的真理：只有做得比白人孩子高出两倍，他们才能平等；高出三倍，才能超过对方。

赖斯从小在母亲的指导下弹得一手好钢琴，4岁就开了第一个独奏音乐会，年轻时曾经梦想成为职业钢琴家。但是，在一次著名的阿斯本音乐节上，她受了打击。"我碰到了一些11岁的孩子们，他们只看一眼就能演奏那些我要练一年才能弹好的曲子，"她说，"我想我不可能有在卡内基大厅演奏的那一天了。"于是，赖斯开始重新设计自己的未来，从此转而学习政治学和俄语，并找到了她一生追求的事业，最终实现了当年的"白宫梦"。

赖斯的成功证明了一个人的雄心越大，其成就越高，雄心越高，人生就越丰富，达成的成就就越卓越。

研究创造行为和科学多样性的心理学家，将雄心看做一种最有创造性的兴奋剂，他们相信雄心在本质上就是充满活力的东西。一位哲学家说："自我实现是人类最崇高的需要之一。它从来都是人生的兴奋剂，是一种抑止人们半途而废的内在动力。自我实现的欲望越是强烈，一个人在他生活旅途中就越是信心百倍，成果卓然。"

的确，雄心乃是形成自我尊重心理的伟大力量，雄心能使一个人变得更为完美，并能推动他探索自己前进的航向。一个人若不追随那些比自己知之更多也更聪明或更完美的人，要获得智慧、发展和提高自己是很难的。

雄心是一个人做事情与活下去的支撑力量，它可以帮助人们克服人生中的一切困难，到达胜利的彼岸。如果心中没有了雄心壮志，就等于自己给自己判了死刑。

一位智者说：生，非我所求；死，非我所愿；但生死之间的岁月，却为我所用。所以当我们仰首感叹如烟往事时，不如低头审视一下自己的内心，雄心的炉火是否还在燃烧，是否还在为你带来光和热；当我们卧躺枕边，想重拾昨夜的旧梦时，是否该为自己做些什么？

有志者,事竟成

不管做什么事情,总是要给自己设定奋斗的方向。若没有奋斗的目标,就像断了线的风筝,漫无天际地飞舞。

斯宾塞·约翰逊指出:在人生的追求过程中,起步前要多长一只眼睛去审视时机,起步时要多长一只手去抓住时机。欲起步的人生贵立志,已起步的人生贵坚持。立志,就是设计自己的一生:树立什么样的理想,从事什么样的事业,成为一个什么样的人。

"有志者立长志,无志者常立志"。一个胸怀大志的人,肯定有着明确而专一的目标,并为自己制订计划。不论是十年、五年、一年还是半年,只因为目标明确,他前行的道路都充满意义。水滴石穿,用心不二才会取得最后的成功。

古今中外的许多事实表明,在人生的起跑线上,选择什么目标,树立什么志向,确实关系着前途命运和对社会贡献的大小。只有那些怀抱理想、志存高远、奋斗不息的人,才能完美地冲刺到人生的终点,捧回人生成功的金杯!没有生活目标和远大志向的人,只会变得慵懒,只会听天由命,永远不会去把握成功的契机,永远不会有所创造和发明。

立志,是事业成功的重要一步。孙中山读私塾时,就立志要推翻丧权辱国的腐败清廷。青年毛泽东离家外出读书时,写下一首诗给父亲,表明远大志向:"孩儿立志出乡关,学不成名誓不还。埋骨何须桑梓地,人生无处不青山。"周恩来上小学时就立志要"为中华之崛起而读书"。经过努力奋斗,不懈追求,他们都实现了自己儿时的志向,成了彪炳史册的伟人。

一个人追求的目标越高，他自身的潜能才能发挥得越充分，他的才能就发展得越快。人之伟大或渺小都决定于志向和理想。伟大的毅力只为伟大的目标而产生。理想如果是笃诚而又持之以恒的话，必将极大地激发蕴藏在你体内的巨大潜能，这将使你冲破一切困难和险阻，达到成功的目标。

一个农民的孩子，从小就跟着父亲下地种田。每次休息时，他就望着远方出神，父亲问他想什么，他说："将来长大了不要种田，也不要上班，坐在家里，就有人往家里寄钱。"

父亲笑着说："别做梦了。"

后来他上了学，从课本上知道了金字塔，他就对父亲说："我长大了要去看金字塔。"

父亲又笑着说："别做梦了。"

十几年后，这个孩子写文章出书，当了作家，每天坐在家里写作，出版社、报社就往他们家寄钱，有了钱，就去看金字塔。站在金字塔下，他默默地说："爸爸，人生没有什么不可能，就怕我们没有远大的志向。"

这个孩子就是后来台湾最受欢迎的作家林清玄。

世界上的事情，不是因为难而不敢，而是因为不敢才变得很难。

"轴承大王"杨小敏儿时的志愿很现实，他曾笑着说："我一直特别清晰地记得儿时的志愿，我想要有个房子，类似于农家的小别墅，前面有个小菜园，最好有两棵树，还有个温馨的家。"

就是这个志愿，使十几岁的杨小敏走上了自力更生的道路。他捡过煤渣，捡过树皮。16岁时，他第一次跟父亲到外地跑供销。这次外出，不仅使杨小敏跑遍了大江南北，而且使经商的种子深深地种在了

 觉醒

杨小敏的心中。

"我一定要做生意才能生龙活虎地活下去。我是停不下来的,一停下来就会觉得不自在,总觉得还有很多事情等着我去做。"杨小敏说。

当初 20 出头的杨小敏在温州开了家五金机电的零售店,主营电缆、电线、灯泡等产品。当年,杨小敏就成为这里 28 位温州首届优秀经理之一。后来,杨小敏到上海去发展。

"在上海,我还是经营机电工具、电缆、轴承等产品,并在上海的北京路、福建路、浙江路上,开出 29 家店,对轴承的价格几乎可以说了算,我们在福建东路的仓库存有当时最多最好的产品。"杨小敏也因此被同行称为"杨百万"、"轴承大王"。

"当时,我就开始向往做大做强,我希望自己所从事的行业,能有'说了算'的权利。"杨小敏真是心比天高。

杨小敏曾经几度漂洋过海,先后在西班牙、法国、意大利逗留。短暂的海外生活不仅使杨小敏体验到了生活的艰辛,更让他找到了更好的商机。那就是经营服装。因为,杨小敏在意大利发现,在国内非常廉价的服装,在意大利却可以卖到"天价"!

回国后,杨小敏毅然投资 200 多万成立了意华服装绣品有限公司,从日本引进五台 24 个头的电脑绣花机,请来 100 多个工人,开始做起了服装制造。结果,由于缺乏经验,第一年就损失了 60 万元。

于是,杨小敏决定转做西服。"刚开始,由于不懂设计,就跑到国外看版式。看中一件 6000 多法郎的 CD 品牌西服,买过来以为自己可以模仿做起来,结果却不行。"这让杨小敏更加注重西服的工艺。之后的几年,服装一路走好,最好的时候工厂的工人达到 900 多人。

杨小敏认为:"做任何事都要用心去做,用心去分析,先计划后做事。要考虑到事情最坏的后果,可能出现的种种问题,考虑周全,才

能去做，不能盲目。"企业的实力强大了，他的志向也更大了，他坚定地说："一定要将事业做大，这样才能体现人生价值。"

由此看来，不管做什么事，一定要有目标。目标是成功的向导，只有树立远大的目标，一个人才会有意识地根据自己的目标不断努力，最终获得成功。杨小敏从小立下目标并不断努力，才有了今天的成功。

当我们拥有理想后，就有了值得奋斗的目标。有一则材料说，某年哈佛的学生临毕业时，校方为他们做了一个有关人生目标的调查，结果只有3%的人有着清晰长远的目标。25年过去了，那3%的人不懈地朝着自己的理想坚忍努力，成了社会的精英。可以说他们是成功的。

让我们牢记这句话吧——心有多大，舞台就有多大。让我们在广阔的人生舞台上尽情奔跑，去追赶自己的梦想，实现自己的人生目标吧！

狭路相逢勇者胜

成功人士的勇气并不是赳赳莽夫，而是大智大勇。只要你有积极的心态，去拼搏，去努力，没有理由不成功。

俗话说："狭路相逢勇者胜。"古代剑客们在与对手狭路相逢时，无论对手有多么强大，就算对方是天下第一剑客，明知不敌，也要亮出自己的宝剑；即使不敌，也要有勇往直前的冲劲。一般说来，较量的双方，如果实力相当，智慧不相上下，那么，勇气就成了克敌制胜的决定条件。这在军事上表现得最为突出。

 觉醒

《三国演义》中的赵子龙是刘备手下的"五虎上将"之一。他身高八尺,浓眉大眼,阔面重颐,银盔银甲,亮银枪,坐下青鬃火焰兽,威风凛凛,是个美男子。他弓马娴熟,深通谋略,是一位出色的战将:大战长坂坡,截江夺阿斗,天水战姜维,浑身是胆救黄忠,皖城计战庞德杀五子,真不愧为"五虎上将"!

赵云确实是一位英雄,他孤身一人大战长坂坡,在曹军的八十三万大军中左冲右突,如入无人之境,没有一人能与他大战三回合。在三国众多英雄当中,他是一个近乎完美的人。"血染征袍透甲红,当阳谁敢与争锋。古来冲阵扶危主,唯有常山赵子龙!"以至刘备感叹曰:"子龙浑身是胆也。"

在任何时候,面对困难需要一种勇气,面对权势需要一种勇气,面对金钱需要一种勇气……勇气就是"富贵不能淫,威武不能屈"。那么我们的勇气又是从什么地方来的呢?是心态,只要你以积极向上、奋力争取的心态去面对一切,你就什么都不怕了。

吴士宏曾是IBM(中国)公司的总经理。吴士宏现在已经成功了,但她原先只是一个护士,那她又是怎样进IBM公司的呢?

在多年以前,吴士宏决定要到IBM去应聘。当时,IBM的招聘地点在长城饭店,这是一个五星级的饭店。试想,当年的吴士宏,一个连温饱都还没有完全解决的护士,来到长城饭店这样的五星级饭店门口,心情会怎样?

当时,在长城饭店门口,她足足徘徊了五分钟,呆呆地看着那些各种肤色的人如何从容地迈上台阶,如何一点也不生疏地走进门去,就这样简简单单地进入另一个环境。她之所以徘徊了五分钟不敢进去,就是因为她的内心深处无法丈量自己与这道门之间的距离。

她就是凭着一台收音机,花一年半时间学完了许国璋英语三年的

课程，就是凭着这个经历，自己也应该进去，不就是为了这一天吗？她鼓足了勇气，迈着稳健的步伐，穿过威严的旋转门，走进了世界最大的信息产业公司 IBM 公司的北京办事处。她的确是个人才，顺利地通过了两轮笔试和一轮口试。最后到了主考官面前，马上就要大功告成了，可最后一道关不是那么容易通过的。

俗话说：阎王好见，小鬼难缠。现在已经见到了"阎王"，她好像什么也不怕了。主考官没有提什么难的问题，只是随口问："你会不会打字？"

她本来不会打字，但是本能告诉她，到了这个地步，还有什么不会呢？

她点点头，只说了一个字："会！""一分钟可以打多少个字？""您的要求是多少？""每分钟 120 字。"

她不经意地环视了一下四周，考场里没有发现一台打字机。她马上就回答："没问题！"主考官说："好，下次录取时再加试打字！"她就这样过五关斩六将，顺利地通过了主考官的考验。

实际上，吴士宏从来没有摸过打字机。面试一结束，她就飞快地跑去找到一个朋友借 170 元钱买了一台打字机。她没日没夜地练习了一个星期，居然达到了专业打字员的水平。

她被录取了，IBM 公司"忘记"考她的打字水平了。可是这 170 元钱，她过了好几个月才还清。她成了这家世界著名企业的一名普通员工，可是她做的不是白领，而是一个卑微的角色，主要工作是泡茶倒水，打扫卫生，用她自己的话说，"完全是脑袋以下的肢体劳动"。她为此感到很自卑，她把可以触摸传真机作为一种奢望，她所感到的安慰就是自己能够在一个可以解决温饱问题而又安全的地方做事。可是作为一位服务人员，这种心理平衡很快就被打破了。

 觉醒

一天,吴士宏推着平板车买办公用品回来,门卫把她拦在大门口,故意要检查外企工作证。她没有外企工作证,于是在大门口僵持了起来,进进出出的人就像看大街上耍猴一样,个个都投来一种异样的目光。作为一位女性,她的内心充满了屈辱,充满了无奈,可是她知道这份工作得到不容易,没有发泄出来,她在内心咬着牙对自己说:"我不能这样下去!"

还有一件事情在她的内心深处也留下很深的印象:有个女职员,香港的,资格很老,动不动就喜欢指使人给她办事,吴士宏就是她的主要指使对象。一天,这位女士叫着吴士宏的英语名字说:"Juliet,如果你想喝咖啡就请告诉我!"

吴士宏丈二和尚摸不着头脑,不知这位自以为是的女士在说什么。

这个女人说:"如果你喝我的咖啡,每次都请你把杯子的盖子盖好!"吴士宏本来是一个很会忍气吞声的人,这次女性的温柔全都不见了,因为她认为那女人把自己当成偷喝咖啡的小毛贼了,这是一种人格上的侮辱。她顿时浑身战栗,就像一头愤怒的狮子,把埋在内心的满腔怒火全部发泄了出来……

吴士宏想:有朝一日,我要去管理公司里的任何一个人,不管他是外国人还是香港人!

甘愿自卑,就只能沉沦下去,不肯自卑,就会产生无穷的推动力。吴士宏每天除了工作时间就是学习,或是寻找着自己的最佳出路。最终,与她一起进IBM的,她第一个做了业务代表;她第一批成为本土的经理;她第一批成为赴美国本部进行战略研究的人;她第一个成为IBM华南地区总经理;还登上了IBM(中国)公司总经理的宝座。

吴士宏为什么成功,我们不知道,我们只知道她从来没有真正害怕过什么东西。即使面对不熟悉的东西也是这样,人就是应该有这样

一种精神。俗话说:"坚持数年,必有好处。"一个人只要肯花时间,少的不说,经过十年的努力,一个智力平平的人可以精通一门学问,一个毫无知识的文盲可以成为一个彬彬有礼的文化人。

勇气不能遗传,人并非天生就具备勇敢的品质。勇气的获得需要培养,需要锻炼,是在生活的基础上一点一点积累起来的。

做一个勇敢的人!不怕忧伤,不怕被拒绝,不怕失败,不怕感到沮丧……无论前面有什么困难,都要有勇气去面对、去拼搏、去努力,没有人追得上你!

不经历风雨怎能见彩虹

性格不是天生的,更重要的是后天的训练与培养。只有坚忍的人才能坚持到最后,笑到最后,而缺少坚忍的性格,即使是天才,也会屈服在各种挫折和失败面前。

人生随时都有可能遇到困境,或是升学无望,或是就业不成,或是下岗待业,或是生意翻船……困境犹如船底水、云后风,伴随人生左右。困境于人,是痛苦、是挫折,但更是一种推人奋进的动力。

每个人的命运中都可能会出现困境,是沮丧、绝望还是奋斗,全由每个人自己去把握。刘云霞就属于后者。别看她歌喉婉转清丽、容颜娇柔妩媚,可面对下岗,她比男子汉更刚毅坚强;面对商海的风云诡谲,她比行家里手更机智敏捷。

初中毕业的刘云霞在某工厂工作。后来这家民办小厂越来越不景气,刘云霞下岗了,失业的痛苦对于初涉人世的她来说,仿佛是在风雨中迷路的孩子看不清前行的方向。她一次次地反省自己,承认能力

 觉醒

欠缺、知识贫乏是自己再就业的障碍，为此她拟订了自学计划，开始一步一个脚印地学财会、公关、微机、汽车驾驶。

20世纪80年代的城市高楼大厦鳞次栉比，而与之相配套的运输业却没能跟上脚步。刘云霞看准这个市场空当，毅然拿出自己的积蓄并借钱买了辆旧货车跑运输，对男人来讲这都是一种极艰苦的工作，何况一个女人？凌晨三四点就得爬起来，晚上还得披星戴月。先是拉沙子，后来运砖瓦，有时跑长途几天在外，饿了啃馒头、吃咸菜，困了在车上打个盹。几年的时间里，刘云霞瘦了，黑了，但得到了回报，一辆车发展到了五辆，由建筑运输发展到粮食、蔬菜、旧货运输等多方面。下岗后的刘云霞用坚强不屈的意志战胜了困境，积极努力地用知识武装了自己，靠学得的一技之长创造了成功。

善于把握商机的刘云霞又把目光投向了饮食业、酒水批发业，并先后成立了沈阳陵东废品采购站和亨通食品经销公司。刘云霞致富的梦想一个个地变成了现实，但她仍不满足。

当她得知位于皇姑区华山路有一个商店要转兑时，刘云霞决定买过来。可是卖方说已有了买主，刘云霞当机立断，以高出对方的价格买了下来，要把它改建为酒店，经营餐饮业。经过一番扩建装修，"金运"大酒店在鞭炮声中正式营业，刘云霞和员工热情地迎送着八方来客。当时市面上餐饮酒楼林立，竞争相当残酷，不少酒家纷纷倒闭，而且各种纷繁复杂的社会关系令许多有经验的商家都难以应付。

管理酒店，不仅是一种尝试，更是一种挑战，刘云霞明白要想在商海中站稳脚根必须有一个高素质的员工队伍。对招聘来的员工进行岗位培训，都是她亲自制订培训计划，编写教材，给员工授课。针对员工文化底子薄的状况，她亲自去新华书店购回有关书籍，免费发到员工手中。她说："金运的员工不仅是端盘子的服务员，更是一支文化

含量高的服务队伍。"她还制定了服务员提升大堂经理制度，激发了员工的竞争意识。

大酒店程序复杂，如何提高效率，让顾客放心，这关系到酒店经营的成败。为此，刘云霞实行了以酒店为主体的微机联网控制系统。顾客结算时用微机把菜单价格打印出来，让顾客过目签字，既节省了时间，又提高了工作效率。顾客对这一举措十分满意。都说到"金运"吃得放心，高兴而来，满意而归，归了再来。

十余年的时光在不断竞争中悄然逝去，吃尽酸甜苦辣的刘云霞所经营的亨通食品经销公司和金运大酒店已经拥有三百多名训练有素的员工，营业面积由过去二百平方米发展到四千平方米，由过去的六千元起家发展到上千万元的固定资产，利润额年均百万元。

也许你就是下岗职工，也许你正处在困境中，也许你想挣很多很多的钱。然而你若不能正视自己，不能提高自己并学得一技之长，不能及时把握市场竞争中的赚钱时机，又不能科学管理、善于经营，如何能走上成功之路？刘云霞的奋斗历程实在值得人们深思。

人生难免遇到困境，难免会有挫折，很多人不能从阴影中走出来，这便影响你的能力和发挥，要有坚强的意志力除去阴暗的历史，笑对人生。在面对困境和难关时，不要在意别人的议论，要意志坚强，往上攀爬，因为成功要经历人生两大较量：智慧的较量与毅力的较量。

实现梦想需要我们在心里记住自己的梦想，想着如何实现这个梦想，想着遇到障碍的时候如何应对。暴风雨是可怕的，但只要记得风雨之后才会有彩虹，那么再大的风雨也阻止不了你的脚步。

培养坚忍的性格，客观地看待造成挫折和失败的原因，不仅要从自己的角度去找原因，还要学会从不同的角度找原因，这个角度必须是积极的，才能抓住问题的关键。不能把原因归咎于外部的环境影响，

或者是自己的粗心大意,要客观地找原因,才能找到解决的办法,了解自己的优点培养自信心。只有了解自己、知道自己的优点、对自己有信心的人,才能不惧面对人生的挑战,积极地表现自我。

人的一生会碰到很多自己能力所不及的事以及无法预知的挑战,只有正确地分析造成挫折和失败的原因,并且敢于大胆尝试,不怕挑战,才能战胜挑战。当我们遭遇这样的挑战时,如果无法独自应对,可以与周围的人沟通,共同寻求战胜挑战的办法。

信念的力量是无穷的

给自己树立个信念,去帮助实现你的理想,成功的路再难走,你也会顽强地走下去,坚持完成自己的事业。

任何人的生命存在,都需要信念,如果在生命里剔除信念,那么生命的存在也就无异于行尸走肉,只是一个耗费资源的机器罢了。不同的人树立不同的信念,可能有的人每天都有个新的信念诞生,他总在想信念就是早能吃饱晚能睡安,如此而已;而有的人可能一生只有一个信念,也是这个信念让他们一生为之奋斗。

毛泽东,这位生于农民家庭、长于黑暗时代的人给自己树立了一个坚定的信念,也就是这个信念支持着他领着一些食不果腹、衣衫褴褛的有同样信念的革命者,爬雪山过草地,从生命的禁区瑞金一步步走向延安,走向西柏坡,然后信心十足地在小米加步枪的护卫下走进中南海。

在这里,三个"走"字虽然轻易,可现实的艰难是每位读者都很难体会出来的,无论通过史实记载、影视制作,还是党史宣传,都足以说明那个时代的艰苦。没有信念,我们难以相信有谁能站在天安门前宣告新中国的成立。

所以说只有那些有着远大理想的人才具备永恒的信念,毛泽东的唯一信念就是这样建立起来的,也因之成为举世公认的伟人。如果没有解放劳苦大众的理想和建立新中国的坚定信念支撑,成功无从谈起。

而且,信念越在逆境中,越能显示出它的力量,往往在最艰苦的环境下,如有千丝信念尚存,它就能支持着你面对困难,继续走下去。

当然,任何一件事物的完成都得经历它所必须经历的挫折、失败,甚至从头再来,但要没有信念,你就会退缩,甚至放弃。信念的力量就在于当你面对失败时,它会及时激励你,帮助你去克服困难、战胜一切。

我们所知道的成功人士,没有谁能一帆风顺地一步登天,他们都经历了无数次地失败和摸爬滚打,很多成功人士承认,当他遇到困难和挫折时,能和自己站在一起的只有坚定的信念,而且信念来源于战胜自我。

大难临头的时候,总有一些人丧失信心,放弃了与厄运的搏斗,从而束手待毙。同样身临险境,总有一些人意志不垮,凭借信念的支撑让死神却步,因而赢得了生存。

2008年,汶川一场大地震无情地夺去了许多宝贵的生命。问一问那些坚强活下来的人,是什么使他们勇敢地在废墟下艰难地度过被困的几十个小时?几乎众口一词:"我相信一定会有人来救我的!"他们在那种危险情况下,只要信念不倒,人就不会倒下。

地震发生后,14岁的马健和其他同学发现了被掩埋在废墟中的向孝廉,一起施救了几次,都没有成功。为了安全,老师让他们先转移到山坡上。马健对向孝廉说:"我一定会回来救你的!"然后,随着大

家撤离了危险的地方。然而,他一直惦记着废墟中的向孝廉。当天晚上,他自己冒着大雨,向老师撒谎说去方便,便悄悄下山回到学校。

向孝廉见他回来了高兴地说:"我知道你一定会回来救我的!"然而,她被埋得太深了。马健蜷缩着身子钻进废墟,用双手将一块块砖头刨开、运出去,又钻进去,再钻出来,匍匐着身体一趟又一趟。手磨破了,腿脚渐渐地不听使唤,但他没有放弃。大约四五个小时过去了,双手血肉模糊的马健终于把向孝廉从废墟里刨了出来。

事后,有人问躺在医院病床上的向孝廉:"如果他不来救你怎么办?"

向孝廉说:"我相信他一定会来救我的。他是男子汉!"

14岁的马健敢说敢做,不愧被评为英雄少年。

一个获救的10岁小女孩儿说:"我相信,爸爸一定会来救我的!"果然,在爸爸一声声"一定要坚持,爸爸来救你了"的鼓励下,小女孩儿得救了。

"他们一定会来救我的!政府一定会来救我的!"这就是灾区人民活下去的希望和勇气。听着这一句句感人的话,人世间还有什么力量能超过信念的力量呢?他们从来没有想过"如果……万一……"铁的事实证明,没有那么多"如果"。

一位青年为了寻求成功,将自己的最美好的青春时光用在了为别人工作上。与此同时,各种评价和看法相继而至,其中包括亲朋的不同观点,但他依然我行我素,照做不误。在此期间,他搜集了大量的成功学资料,在工作期间虽然不计报酬,但他仍然兢兢业业,在接人待物方面严格要求自己,从而使自己的言谈举止都类似于成功人士。他凭信念的支持和自己的努力,终于成了举世瞩目的成功学大师,这个人就是——拿破仑·希尔。

"选择应该是有道理的,去实施就必然会遇到困难。"不知人们在确立目标之后是否给自己注射过这样的预防针。如果进行了心灵挫折预防,那么,你就该树立一个防止退缩的保护罩——信心。没有信心的呵护,理想的幼芽是经不起风霜的,我们的目标如果没错的话,那么我们就有理由做好唯一的一件事:要有信心坚持做下去!

时刻准备着

教育家陶行知说:"幸运是一个懒惰的女神——她决不会来找你。"机会往往垂青有准备的人,能在竞争中胜出,自然有不为人所及的地方。

在每个人的生命中,偶然的机会可能彻底改变一个人的一生。实际上,所谓的偶然性既然发生,就是一种必然。要收割,先要准备好镰;想过河,先要准备好船;欲捕鱼,得先结好网;要战斗,得先磨亮你的刀枪……要想摘下冠军的奖牌,得准备经过数年甚至数十年的锻炼、流汗。同样,要获得和把握事业有成的机遇,就得准备好自己的德才、学识、能力和一切必要的素质。

"欲工其事,先利其器"、"凡事预则立,不预则废"等朴素而深刻的哲语,道出了准备工作的重要性。

有一个大学毕业生去深圳求职,在碰够钉子之后,他站到了一家外企人事部的招聘桌前。一个戴着眼镜的中年人用英语问了一些淡如白水的问题,诸如"你为什么要来本公司",而他用不流利的英语回答之后,中年人点点头,拿出一个包装纸盒,问他:"这是用来装什么的?"

他接过来,仔细看了看,外面的说明书是英文写的,但关键词即包装盒上的内容却是一个他从未见过的单词。正在一筹莫展的时候,他瞥了一眼纸盒的另一面,另一面是对应的一篇日文说明,相关部位的日文正是他再熟悉不过的了,他脱口而出:"葡萄干!"

招聘者脸上终于露出了微笑,用手指了指后面的总经理办公室——他过了第一关。很多英语远比他流利得多的应聘者却因为这个词而被挡在了门外。

由此可见,在你自觉的去学习许多东西、留下许多事情时,就已经是在寻找机会了。做好了准备,机会来了,你才可以伸手抓住它。而如果没有准备,再好的机会也没有用,因为你无法把握它。机遇只垂青那些有准备的人,机遇来临时,我们只有有备而战,才有十足的胜算。

李强是一家中外合资公司的白领,他觉得自己满腔抱负没有得到上级的赏识,经常想:如果有一天能见到老总,有机会展示一下自己的才干就好了!

李强的同事赵刚也有同样的想法,他更进一步,去打听老总上下班的时间,算好他大概会在何时进电梯,他也在这个时候去坐电梯,希望能遇到老总,有机会可以打个招呼。

他们的同事张梁更进一步。他详细了解老总的奋斗历程,弄清老总毕业的学校,人际风格,关心的问题,精心设计了几句简单却有分量的开场白,在算好的时间去乘坐电梯,跟老总打过几次招呼后,终于有一天跟老总长谈了一次,不久就争取到了更好的职位。

愚者错失机会,智者善抓机会,成功者创造机会。机会只给准备好的人,这准备二字,并非说说而已。

著名电视主持人朱军选用《时刻准备着》作为自己写的书名。因为他觉得长期以来，面对命运的种种变化，自己的状态始终是"时刻准备着"，而机遇都是在积极"准备"中光顾的。朱军在中央电视台的七八年间，取得了许多骄人的成绩，由他主持、编辑的音乐电视专辑《乡风乡韵》，1997年在保加利亚举行的国际金天线电视节目大赛中获音乐类节目第一名，这也是中央电视台音乐类节目首次在国际上获大奖；1999年在全国金话筒节目主持人评选中获银奖第一名。

朱军以自己的成功告诉我们：要想成功，必须时刻准备着！人生是一个过程，在这个过程中，每个人都想有一个好的结局，而社会生活又不是以个人的意志为转移的，这样，人生就会出现料想不到的挫折，面对这种情况，怎样才能让自己顺利地度过一生呢？只有一个办法：那就是要学会经营自己。

人的命运是自己决定的，你要想快乐地成功地度过人生，就需精心地去经营自己，就会为自己创造命运，从而会改变命运。

现今世界早已今非昔比，在如今这个自由开放、重视个性和能力的时代，它为每个人的充分发展提供了千载难逢的机遇。因此，任何人都可以在社会的大舞台上充分展示自己、发掘自己的潜能、提升自己的人生价值。事实上，越来越多的人正在通过经营自己的手段和方式、通过自我的奋斗和努力以求得人生的成功。

荣华的背后是劳苦的工作，一生辛勤，就会有一世的收获，坚定自己的目标，不懈追求，必然会有一番收获。

第六章
以智取胜

> 俗话说："鸟靠翅膀兽靠腿，人靠智慧鱼靠尾。"人类之所以在众多物种中脱颖而出，成为主宰世界的"万物之灵"，是因为我们拥有更多的智慧。智慧是一种透视，一种反想，一种远瞻；它是人生含蕴的一种放射性；它是从人生深处发出来的，同时它可以烛照人生的前途。

脑袋决定口袋

人与人的最大差别是脖子以上的部分，成功与失败，富有与贫穷，有时只不过是一念之差。

在每一个犹太人家里，当小孩子稍微懂事时，母亲就会翻开圣典，点一滴蜂蜜在上面，叫小孩子去吻书上的蜂蜜。他们认为那是最甜的。

犹太家庭的孩子，成长过程中几乎都要回答这样一个问题："假如有一天你的房子被烧毁，你将带着什么东西逃跑呢？"

如果孩子回答是钱或钻石，母亲将进一步问："有一种没有形状、

没有颜色、没有气味的宝贝,你知道是什么吗?"

要是孩子答不出来,母亲就会说:"孩子,你要带走的不是钱,也不是钻石,而是智慧。智慧是任何人都抢不走的,你只要活着,智慧就永远跟随着你。"

这就是犹太人智慧的力量!

穷人只看到富人积累财富的结果,却往往忽略了富人的智慧。由穷到富的转变是大多数人憧憬的,但没有致富的思想和手段,绝不能改变贫穷的命运。

有人说:"越穷越闲,越富越忙。"一些懒散的人总在抱怨致富项目如何难找,致富如何困难,而那些先富起来的人在完成一项工作赚了一笔钱后,又在寻找下一个商业机会。穷人的时间总是花在看电视、闲唠嗑、打麻将上,而富人却把时间用在找信息、找项目、找机会上。

"观念改变了,新的市场领域就出现了。"这句流行语在各个行业都很适用。一个人能否成功,很大程度上取决于他的观念。脑袋决定你的钱袋。当今社会,必须有新的观念、新的方法、新的发明、新的创造、新的赚钱之道、新的理财技巧……才能立于不败之地。

只有从头脑里,彻底克服怕富的观念,从不敢富到追求财富,才有可能变富。正如《穷爸爸,富爸爸》一书中说到的,学会接受一种财富的观念、教育,意义重大,能帮助你安度后半生,谈笑风生。

有一位穷人向一位成功人士取经,问他是怎么转变思路、由穷变富的。这位富人并没有正面说出自己的成功之路,而是设想了三个问题让他回答。

第一个问题是:"如果有两个人掉进了一个大烟囱,其中一个身上满是烟灰,而另一个却很干净,那么他们谁会去洗澡?"

"当然是那个身上脏的人!"穷人回答说。

"错！那个被弄脏的人看到身上干净的人，认为自己一定也是干净的，而干净的人看到脏人，认为自己可能和他一样脏，所以是干净的人要去洗澡。"

第二个问题："他们后来又掉进了那个大烟囱，情况和上次一样，哪一个会去澡堂？"

"这还用说吗，是那个干净的人！"

"又错了！干净的人上一次洗澡时发现自己并不脏，而那个脏人则明白了干净的人为什么要去洗澡，所以这次脏人去了。"

第三个问题："他们再一次掉进大烟囱，去洗澡的是哪一个？"

"这？是那个脏人。不，是那个干净的人！"穷人不知该如何回答。

"你还是错了！你见过两个人一起掉进同一个烟囱，结果一个干净、一个脏的事情吗？"富人笑道，"这就是思路问题！"

观念决定命运，思维决定行动。什么时候大胆地、大方地走出去跟比你生活得好的富人打交道，学经验，什么时候把"我很穷"三个字从大脑中剔除，也许你就已经在慢慢走向致富之路了。

贫困女大学生李丽，来自云南一个小山村。大学四年，平均每天只花一元钱。面对昂贵的学费，她四处奔波打工。早饭，买两毛钱一个的馒头吃，吃完早饭后，她又会买上三四个馒头，用塑料袋包起来放在被窝里，中饭和晚饭又是馒头就着辣酱吃。

在这样艰苦的环境里，李丽始终有一个信念：一定要坚持到大学毕业。拿到大学录取通知书时，看着父母痛苦无奈的表情，李丽毅然作出外出打工赚钱的决定，不管能赚多少，她都要为自己的大学梦努力奋斗。

大一暑假里，李丽先去了一些服装店应聘服务员，但是店长看到李丽瘦瘦小小的样子，都婉言谢绝了。最终，她在一家美食城找到了

当服务员的工作。两个月的暑假很快过去了,李丽一共赚了1100元,她几乎没有花掉一分钱。就这样,李丽带着亲朋好友拼凑的学费和自己打工赚的1000多元钱来到了北京校园。

"北京的每一样东西都贵得出乎我的意料。"原本以为通过自己在课余做兼职加上助学贷款,可以完成大学四年的学业,后来李丽才发现生活原来这般困难。

"大学的第一个月花费特别大,什么东西都要自己买。"钱很快花完了,李丽不愿意伸手向家里要,便开始到处找兼职:在学校服装店做过服务员,国庆做过手机推销员……

大三的时候,一次在给一家健身房装修的过程中李丽得知这家健身房要招一个瑜伽教练,一节课能赚100元钱。只在大一体育课学过一点瑜伽的李丽太需要这份稳定的工作了,就斗胆向健身房经理撒谎,说自己有教瑜伽的经验。

经理给了李丽试教的机会。但教瑜伽并没有想像中那么容易,原本经验就不足的她第一节课就出尽了洋相,经理气得指着李丽骂道:"你给我下来!"执著的李丽不想失去这份工作,她再三恳求经理再给她一次机会。最后,经理甩下一句"明天不要再给我丢脸"后走了。

为了得到这份兼职,之后每天,李丽就在寝室里对着电脑练,熄灯了她就跑到走廊上练。最后,凭着教授瑜伽,李丽在大三这个暑假赚了4000多元钱。慢慢地她的瑜伽练得越来越好,她也深深地爱上了这份工作。

大三的寒假,她身兼了三家健身房的瑜伽教练,还和一家单位合办了瑜伽培训班。每天她上完课,马上就匆匆赶往健身房。

那个寒假,本来就瘦弱的李丽从93斤瘦到83斤。两个月下来,李丽凭着一股韧劲和执著赚了1.3万多元,加上学校6000元的助学贷款,她交上了大四一年的学费。

一个人的出身无法选择,但是,自己的命运完全可以靠着自己的努力而改变。只要想富,就能富。

想像力可以统治世界

世界上最辽阔的是大海,比大海辽阔的是天空,比天空更辽阔的是人的胸怀。实际上,比胸怀更辽阔更无垠的是我们的思想。

想像力通常被称为灵魂的创造力,它是每个人的财富,是每个人最可贵的才智。一个人的想像力往往决定了他成功的概率,一个人想像力越丰富,他成功的机会就会越多,反之,就会越少。

拿破仑曾说:"想像力可以统治整个世界。"格林·克拉克也说过:"人类所有天赋之中,最像神的就是想像力。"

我们每个人都如同雄鹰一般,曾拥有过翱翔天际、悠游自在的壮阔梦想。有趣的是,这些伟大的梦想,往往也就在周围亲友的一句句"别傻了"、"不可能"声中,逐渐萎缩,甚至破灭。

平时,人们听到的最多一句话是:"我太想冲破人生难关了,可是我又没有办法。"这个"想"字就是需要我们非常关注的内容,为什么有些人能心想事成,而有些人只能想入非非呢?所以,莫让我们的梦想因别人的几句冷言冷语而熄灭。安于现状,只会使你丧失获得卓越成就的能量,只要你的眼光看得够远,就一定能真正"飞"起来。

毫无疑问,任何人的一点进步都应当是思想或者说是想像力的推动,因为你"不想"所以就不会得到什么。穷人想摆脱困境,生活得更好,进而想发财,像小康人士那样生活,直到像富人那样生活。小

 觉醒

康人士也盼望发财致富,渴望有一掷千金的气概,而富人则想成为全球顶尖巨富,或者能攀上政坛的高峰……当然,你思考的可能不只是致富,但你仍然无时无刻不在思索着这样一个问题:如何才能获得人生更大的成功呢?

心灵力量的发挥已经被众多的自我成功者接受,并取得了很大的成功。不但如此,想像力还是成功的第一规律。

善于思想,才能心想事成;胡思乱想,只能事与愿违。我们的生活是什么样子是由我们的想法来决定的,改变想法就可以改变生活。不怕做不到,只怕想不到,只有你敢于想像,才可能冲破人生难关。

成功的人通常具有一种特征,喜欢做梦,而且不怕尝试错误。他们相信,心中的梦想是支撑他们勇敢前进的力量,而不怕犯错才能累积成功的资本。因为有了梦想,所以他们对失败与风险一直持有乐观的看法。而且,这些成功的人,通常是成功了两次——他们在潜意识里相信自己已经成功,然后他们真的就成功了!

航天英雄杨利伟自幼比较文弱、性格内向、缺少胆量。8岁时的一天,母亲让他到房后拿木棚上的地瓜,他试了再试,半天的时间过去了,额头和小鼻尖上都浸出了汗水,却始终不敢登上离地面不到15米高的木梯。面对小利伟的胆怯,在镇学校做教师的父母担心地说:"这孩子的性格不改变,怕是长大后不能成事。"为了改变小利伟的性格,每年寒暑假日,爸爸都有意识地带他去爬山、到县东六股河去游泳。秋天,带他去大山里爬树采摘果实。

杨利伟9岁那年秋天,在绥中镇北巍巍的燕山山脚下,经过父亲鼓励,小利伟第一次爬上了一棵30多米高的古老的塔松。当下到地面的时候,浑身被汗水浸透的小利伟张开双臂紧紧地抱住爸爸的脖子,高声喊道:"爸爸,我成功了!"

孩子少有这激动的高喊声，似乎摔碎了他性格上的怯懦。高喊声，震撼并回荡在幽暗的山谷。看见孩子第一次勇敢地战胜自己，父子二人竟喜极而泣。从此，小利伟对探险运动产生了浓厚的兴趣。常常同伙伴跋山涉水野游，登狐仙洞山探访狐洞、寻访古寺遗址，寻觅传说中的"链锁地井"。

杨利伟的家乡辽宁省绥中县，靠近渤海湾。面对蓝色的大海，他有一个梦想，希望有一天，能像海鸥那样，向着蓝天飞去。1983年，杨利伟考进了空军第八飞行学院。经过四年的刻苦学习和训练，他终于成长为空军一名优秀的歼击机飞行员。儿时的梦想成了现实。

从此，他尽情地飞翔在蓝天。从华北飞到西北，从西北飞到西南，在祖国的万里蓝天上，处处留下了他矫健的身影……杨利伟没有想到，儿时的飞翔梦想，会飞得那样遥远，一下飞向了遥远的太空。

俗话说，只有想不到，没有做不到；只要想做到，就能够做到。想不到的人，永远不可能做到；浅尝辄止的人，也不可能做到；一个人只要有梦想，有信心，就可以做到一切事情。

多年前，一位劳苦的牧羊人领着两个年幼的儿子以替别人放羊来维持生计。一天，他们赶着羊来到一个山坡，这时，一群大雁叫着从他们的头顶上飞过，很快消失在远处。

小儿子问父亲："大雁要往哪里飞？"

"它们要去一个温暖的地方，在那里安家，度过寒冷的冬天。"牧羊人答道。

大儿子眨着眼睛羡慕地说："要是我们也能像大雁一样飞起来就好了，那我就要飞得比大雁还要高，去天堂，看妈妈是不是在那里。"

小儿子也对父亲说："做个会飞的大雁多好啊！那样就不用放羊了，可以飞到自己想去的地方。"

 觉醒

牧羊人沉默了一下,然后对两个儿子说:"只要你们想,你们也能飞起来。"两个儿子试了试,并没有飞起来。他们用怀疑的眼神看着父亲。

牧羊人说:"让我飞给你们看。"于是他飞了两下,也没飞起来。牧羊人肯定地说:"我是因为年纪大了才飞不起来,你们还小,只要不断努力,就一定能飞起来,去想去的地方。"

儿子们牢牢记住了父亲的话,并一直不断地努力,长大以后果然飞起来了。因为发明了飞机,你猜这兄弟俩是谁?他们就是美国的莱特兄弟。

世界上最有价值的人就是那些能够远远望见世界的将来,能够预见到事情之当然,同时也有能力去实现它们的人。

假使从我们生命中夺去了梦想的能力,我们中间还有谁会有勇气、耐心和热诚不断地去敲生命之门呢?

有梦想的人,无论怎样的贫苦,怎样的不幸,他总有自信。他藐视命运,相信未来。正是这种梦想,这种希望,这种永远期待着较好的日子的到来,使我们可以维持勇气,可以减轻负担,可以肃清我们前进路上的困难、挫折。我们愈能实现我们的梦想,我们的能力也愈显强大,愈会有效。一个人的梦想的实现,往往可以感应起一串新的梦想和努力。就在人类化梦想为事实的奋斗中,我们看到了世界的种种希望。

科学的进步是无止境的,思想也一样,甚至教育、经济以及企业管理的发展,所有人类的活动,都留有一大片尚未开拓的土地,需要人们去开拓。

人之高贵,贵在有思想。不要阻止你的梦想,信仰并且鼓励你的憧憬,发扬你的梦想,同时努力使之实现!这种使我们向上面展望、

向高处攀登的能力，是与生俱来的，它是指示我们走上至善之路的指南针。你生命的内容，都是依你的憧憬而决定。你的梦想，就是你生命历程的预言。

梦想出现于生命灵感的一瞬间，梦想是你迈向成功的第一步，让梦想成真——这是一件伟大的事情！去勇敢地追逐你的梦想吧！

好点子让你收益非凡

一个人不具备创造性的想像力，肯定无法在更大的程度上打开人生的局面。在追寻成功的过程中，"想像力"能给人带来非凡的收益。

巴尔扎克说："一个能思想的人，才真是一个力量无边的人。"一个人要想成功，不仅要勤于读书，更要勤于思考。大多时候，生活是由想法来决定的，改变想法就可以改变生活。点子就是财富，点子就是力量，点子就是成功的资本。纵观古今中外，大凡拥有远大抱负的人，永远会自己定格在一个高标准上，从而严格要求自己，然后为实现理想而奋斗不息。

创造性的思想会让人更容易接受新的点子，更容易接收发自外在头脑的新观点，并且参考吸收，转化成新的成果。

小王就是一位拥有创造性思想的"点子大王"。小王大学毕业后，曾在某市一家国营企业任职。企业僵化的管理制度使他的聪明才智无用武之地，于是，他毅然辞职，成为自由职业者。最初的几年干得很不顺利，因为他不知道从哪个方面发展好，找不到出发点。

一次，他去小食摊吃早餐，当时已是初冬时节，早上的风凛凛生寒，直透脊背。小王对卖早点的老太太说："你用什么东西挡一下风，

觉醒

顾客不是好受点儿吗？这对你的生意也有好处。"

过了几天，小王又去这家小食店吃早餐，发现这里果然立起了挡风的布帘子。摆摊的老太太不肯收小王的早餐钱，还说："听了你的话，立了这个布帘子，生意好多了。"

小王心里一动："想这样的点子太容易了，一天也能想出七八十个，就算每个只值一碗面钱，也很可观啊，我为什么不靠卖点子赚钱呢？"

他说干就干，开了一家信息咨询公司。说是公司，其实只有一间房和一台电话，老板员工都是他自己。

最初两个月，他的公司门庭冷落，无人问津，直到有一天，一家儿童商场的经理找上门来，向他讨主意。原来这家商场自开业后生意一直上不去，自己想尽了办法，束手无策后，只好抱着"死马当活马医"的心理，来找小王。

小王在儿童商场细细观察一遍后，指着柜台对经理说："先把柜台放低，不能和成人柜台高度一样；另外把商场里面的楼梯改成滑梯式，儿童从滑梯上滑下来后，又正好停在柜台前。"

经理做了一番改进后，商场的生意果然红火起来，小王也因此获得一万元酬劳。此后，小王的名气渐渐叫响了，生意也慢慢好起来。

一次，市里准备拆迁一片居民区建新汽车站，政府出资1400万元帮助拆迁，但仍然满足不了拆迁需要。属于搬迁区域里的共有100多户居民，每户需要20万元才能解决居住的问题，小算盘一打，资金缺口达600万元之巨。无奈，他们只好请小王来试试。

小王终于想出了好办法。他认为采取附加条件的搭配拆迁方案，可以解决这个问题。该市区房子贵，地价甚高，而郊区一套小别墅仅3万元，问津者寥寥无几，主要原因是交通不方便。如果让这100多户居民搬往郊区,每家给配上一辆三四万元的小面包车,这样搬迁一户最多也就六七万元。这项方案一公布,100多户搬迁户都非常乐意,资金缺口问题随之解决。

生活中有许多不便,市场中有许多困境和陷阱,这些都需要智慧的钥匙来打开。小王用策划救市的办法不仅解决了竞争中的许多难题,同时也使自己的公司成为实力雄厚的公司。

好点子是想出来的,想像力是自己终生的财富。北京曾经有一位年轻人,生活十分拮据,但他有着丰富的想像力。一天,他把自己穿烂的一只皮鞋随手丢在地板上,谁知这只皮鞋鞋尖"开了口儿",像是咧着嘴在嘲笑他。当他一怒之下要把它抛到楼下去时,忽然萌发了创意。因为这只皮鞋面酷似一张脸谱。

于是,他立即收集各种破皮鞋,并对它们进行艺术加工,使之变成一副副外形各异、表情极为夸张的面具,有的露齿微笑,有的瞪眼发怒,有的张口狂笑,看后令人既惊且喜,回味无穷。这些有特色的面具推向市场后,很快成为抢手货,这位潦倒落魄的青年也因此苦尽甘来。

还有一位山西青年,尽管失业在家,但他喜欢琢磨事。后来他开始经营地板砖,由于同行多,竞争激烈,生意一直不是很好。一天,他去厂家进货,当他看到工厂旁堆着许多无人问津的破损地板砖时,忽然觉得这是个很好的赚钱机会。因为破损地板砖经过切割,可以加工成正品地板砖或地脚线。于是,他马上大量购进这些破损的地板砖,用自己装配的几台切割机按统一规格进行切割,再以适当价格售出,获利甚丰。

想像是腾飞的翅膀,没有想像世界将一无所有,更不会发展到今天;没有想像人类不可能征服自然,成为地球村的主人;没有想像不

 觉醒

可能有今天的"信息高速公路"。在这样一个需要创新的时代,我们要大胆地想像,这样才能激活内在潜能。说不定就因为你的想像,世界被改变了,人类大飞跃了,你自己也名垂千古了。

成功始于梦想

梦想是成功的开始。只有敢于梦想,善于梦想,并立即将梦想付诸行动,并付出努力,才能最终与成功有约!

一个人假如有能力从烦恼、痛苦、困难的环境,转移到愉快、舒适、甜蜜的境地,那么这种能力就是真正的无价之宝。很可能,这就是梦想的神奇作用。如果我们在生命中失去了梦想的能力,那么谁还能以坚定的信念、充分的希望、十足的勇敢去继续奋斗呢?

乐观的人尤其喜欢"造梦"。不论多么苦难不幸、穷困潦倒,他们都不屈从命运,始终相信好的日子就在前面。不少商店里的学徒,都梦想自己开店铺;工作中的女工,梦想有一个美好的家庭。小孩子会梦想将来像哪位伟人一样,或发明出许多好玩的东西,或成为一位探险家,或是一位伟大的教授,等等。长大了,他们会梦想着成功,梦想着发财致富,成就一番自己的事业,并且对这些梦想有着一种执著的渴望。即使是老年人,也不愿虚度自己的时间,也会对生命充满着一些梦想,并为此做出种种的努力。

人只有具备了这些梦想,才可能有成功的希望,才会激发内在的智能,加倍努力,以求得光明的前途。

人不光要有梦想,还要激励自己去实现梦想。人人具有向上的志向,志向就会像一枚指南针,引导人们走上光明之路。良好的梦想,

就是未来人生道路美满成功的预示。

人们心中的希望，与梦想相比，往往更有价值。希望经常是未来真实的预言，更是人们做事的指导，希望可以衡量人们目标的高低，效能的多寡。

有许多人容许自己的希望慢慢地淡漠下去，这是由于他们不懂得：坚持自己的希望就能增加自己的力量，就能实现自己的梦想。希望具有鼓舞人心的创造性力量，它鼓励人们去尽力完成自己所要从事的事业。

人尽其才，物尽其用，既然造物主慷慨赐予我们梦想，我们就应该敢于让梦想成真。在无须修饰、没有压抑的幻境里，我们可以忘乎所以，为所欲为，不停地梦想。在现实的天地间，我们更要敢于让梦想成形，让希望变得明朗，让抱负化为行动！

敢于做梦！敢于希望！敢于认定自己有很大的潜能！心理学家越来越肯定白日梦的价值。研究显示，智商最高的人，往往花很多时间在做白日梦，许多真正伟大的发明都是由想像而来的。

梦想，让我们有高瞻远瞩的能力，它给我们希望，鼓舞我们尝试做不可能的事，鼓励我们变得比原来更好，鼓励我们去做更具挑战的事。最务实的做梦是愿意不计代价将其实现。而"务实"却让我们把梦成形，使我们的希望更明确，把我们的理想变得有用，把我们的抱负化为行动，把我们的理想加入一些实际。

每天都有许多可能和潜能呈现在我们面前，有如无云夜空中的星星。我们四周的人都想抓住它们。

"那些人是幸运的！"有人抱怨道。

真的吗？你的梦想也可以实现，只要你肯付出代价来使它实现。许多人不愿付出代价来使自己成功，那就是为什么有许多人退入所谓的舒适地带。他们渴望一个可以休息的地方，一个安全的地方，一个舒服和娇生惯养的地方。但"舒适"像洞穴，洞中黑暗得难以看清，不流通的空气变得陈腐和难以呼吸，四周的墙把我们封闭住，低矮的顶使我们难以挺直身子。

在现实中，成功的人都是经历过重重困难的。在梦想起飞之前，他们都经历了一番艰苦卓绝的搏斗。获得成功的历程就像放风筝，需要不断地和强风对抗，才能升到高空之中。要有对成功的强烈渴望，才能坚定向前，不被沿途所遭遇的困难吓倒。确定一个能支持你的梦想，才能在迈向成功的旅程中忍受一切艰难险阻。当你确知自己在做什么，当你有个明确的目标和实施计划，那么风势越强，你会飞得越高。

曾经有一位老人去报英语学习班。服务小姐以为老人是为自己的孙子来报的，就和老人开玩笑，结果老人告诉她，他是为自己来报名的时候，服务小姐露出了诧异的表情。原来老人的儿子娶了一个英国妻子，每次都无法交流，所以想来学学，自家人也好说说话。但是老人已经68岁了，服务小姐劝他不如回家去安享晚年，不要这样奔波劳累。老人笑了，他说："你以为我不学，过两年我就是66岁了吗？与其在我70岁的时候，在他们面前还是块呆木头，倒不如利用这两年好好学些东西。我想在我有生之年，一家人可以其乐融融地坐在一起聊天、说话呀！"

在伟大梦想的背后，都有一个制胜必备的特质，那就是"坚定不移的目标"，知道自己要的是什么，还要有热切的渴望去占有它。

如果你确信你所想做的事是对的，并且相信自己一定可以做到，那么就放手去做吧！不要让你的美梦因为别人的不确信、讥笑讽刺而停止步伐。你的美梦成真，是对他们的怀疑与嘲讽的最佳反驳，甚至他们会归附于你，帮助你取得更大的成功。也不要因为一时的挫折与失败就中止了前进的方向，放弃了自己的梦想，那才是最大的失败。

为什么许多人忙忙碌碌地工作十几年甚至几十年，却最终一无所成？归根结底，就是因为他们没有梦想。他们一切都是机械地、被动地去做，像上了发条的机器，尽管兢兢业业、一丝不苟地工作，但最终却是为他人做嫁衣！

美好的梦想和漫无边际的空想是迥然相异的——空想是白日做梦，永远难以实现，而实际的梦想则是人人可及的，只要以热情、精力、期望作为后盾，终有一日会达到目标。

财富都是思考出来的

在财富的时代里，你一定要学会用脑子赚钱。用四肢只能赚小钱，用脑子才能赚大钱。

一位亿万富翁曾经说过："即使我身上不带一分钱，独自处在一望无际的大沙漠中，只要有一支驼队经过，我也会重新变成富翁。因为我有着聪明的大脑。"由此可见，每个人的贫穷只是暂时的，要想摆脱贫穷就要启动你的大脑，你会获得意想不到的收获。

在北京的一条街道上，同时住着3家裁缝，手艺都不错。可是，因为住得太近了，生意上的竞争非常激烈。为了抢生意，他们都想挂出一块有吸引力的招牌来招徕客户。

一天，一个裁缝在他的门前挂出一块招牌，上面写着这样一句话："北京城里最好的裁缝！"

另一个裁缝看到了这块招牌，连忙也写了一块招牌，第二天也挂

觉醒

了出来,招牌上写的是:"全国最好的裁缝!"

第三个裁缝眼看着两位同行相继挂出了这么大气的广告招牌,抢了大部分的生意,心里很是着急。这位裁缝为了招牌的事茶饭不思,"一个说北京最好的裁缝,另一个说全国最好的裁缝,他们都大到这份儿上了,我能说世界最好的裁缝?这是不是有点儿太假了?"这时放学的儿子回来了,问明父亲发愁的原因后,告诉父亲不妨写上这样几个字。第三天,第三个裁缝挂出了他的招牌,果然,这个裁缝从此生意兴隆。

招牌上写的是什么呢?原来第三块招牌上写的口气与前两者相比很小很小:"本街最好的裁缝!"

"本街"最好,那就是这三家中最好的。你看,聪明的第三个裁缝没有再向大处夸自己的小店,而是运用了逆向思维,在选用广告词时选了在地域上比"全国"、"北京"要小得多的"本街"一词。这个小小的"本街"却盖过了大大的"北京"乃至大大的"全国"。

想当初,比尔·盖茨怎么就会做软件,怎么就会搞视窗,因为他想到了,正如他自己说的"我眼光好"。亚洲首富孙正义在美国读书时没钱就发明翻译机,一下卖了一百万美元,后来开办软件银行,他的头脑和眼光也了不得。好孩子集团老板宋郑也是靠卖发明专利起家的,第一项发明卖了4万元,第二项发明别人出价8万元要买,但他不卖,自己投入生产,结果成了世界童车大王。

世界上所有富翁都是最会用脑子赚钱的,你就是把他变成穷光蛋,他很快又会变成富翁,因为他会用脑。让我们再来看看脑白金和黄金搭档,史玉柱的东山再起启发我们,只要把脑子用活,失败了还会成功,再赚钱是不成问题的。

著名经济学家汪丁丁曾举过一个用脑子赚钱最典型的例子。1994

年6月间，网景公司的创办人吉姆·克拉由于要价太高遭到两家风险投资公司的拒绝，后来，找到了硅谷风险投资业的龙头老大杜尔。第二个星期一上午，全体合伙人在30分钟内通过决议：向网景公司投资500万美元。两年以后，当盖茨终于醒悟到互联网的光明前景并开始穷追猛打网景公司时，这笔500万美元的投资已经升值6个亿。

30分钟内的一个决策，或者说大脑转动一下产生的一个点子，产生了6个亿的财富。这个数字恐怕是一个产业工人永远都无法奢想的。而事实上，这种用脑子赚钱的现象比比皆是。

大家都听过这样一个故事：

太平洋的一个岛屿，这天来了两个分别属于英国和美国的皮鞋厂的推销员，他们在岛上分头跑了一圈，发现岛上竟无人穿鞋，于是第二天分别给工厂发了电报，英国推销员的电文说："此岛无人穿鞋，我于明天飞返。"而美国推销员的电文却是："此岛无人穿鞋，皮鞋销售前景极佳，我拟驻留此地。"

第二天，英国推销员飞离此岛，美国推销员则留下来张贴"广告"。他的广告没有文字说明，只是画着一个当地人模样的壮汉，脚穿皮鞋，肩扛虎、豹、狼、鹿等猎物，威武雄壮，煞是好看。当地人看了这张广告，纷纷打听在哪儿能弄到那广告画面上的壮汉脚上穿的东西，于是美国推销员所推销的皮鞋逐渐打开了销路。

可见，同样面对一件事、一个问题，不同的人会产生不同的想法，而正是不同的想法决定了不同的事业走向。

现在是知识经济时代，知识能够产生价值，但关键是如何产生。如何从书架上走下来，实现价值和产生利润，这中间恐怕就不是一个简单的劳动所能解决的。说白了，就看你有没有这个挣钱的脑子。

财富的源头，是以思考的形式出现的，财富的形成始于思想对成

功的渴望！一个人要想成功，不仅要勤于读书，更要勤于思考。

用脑子去创路子

一个有雄心的成大事者，必须从创新入手，从创新走向成功。创新是开创事业的原动力，唯有创新才能战胜自我，才能脱颖而出。

任何一种成功都基于某一次突破或某一次发现，而任何一种突破或发现都是缘于某一次的奇思异想。平平常常的思维，平平常常的想法，只能使你成为平平常常的人。俯瞰芸芸众生，大多数人都很难实现自己的人生突破，很难获得重大的成功，其中一个不可忽视的原因就是思维定式。

成功并非唾手可得，成功并不能仅靠梦想就可以实现，成功需要用心去经营。那么经营的学问是什么呢？经营的学问固然多种多样，但恐怕最重要的莫过于要充分利用你的智慧。

翻开历史，你就会看到无论是昔日的秦皇汉武建千古霸业，还是今日的比尔·盖茨、索罗斯笑傲商界，无不是施展大智慧的结果。

每个人自身都潜藏着一个巨大的宝库，这宝库就是你的心智资源。世界上有两种人，这就是伟人和凡人，伟人何以能成为伟人，凡人何以只配做凡人，其最重要的原因就是心智资源开发程度不同。

心智资源的开发利用直接影响到一个人的生存质量，很难想像一个无论干什么事情都不愿动脑筋的人会有一个高品质的人生。因为心智是行为的航标，没有航标，永远不会看到驶向目的地的那一天；没有航标，航行中花费的力气再多也都是徒劳，整个的航行都将失去意义。如果说成功是你的人生经营目标，那么经营智慧就是引导你到达成功的航标，只有在心灵之光的照耀之下，人生的船只才会驶向成功的彼岸。相信只要你能像那些成功者一样善于运用你的经营智慧，那么你也就一定能够取得骄人的业绩，你的智慧之光就会照耀着你一直登上成功的巅峰。

一个仅仅跟着别人走的人，不会去探索什么东西，也寻找不到什么东西。在摩肩接踵中举步维艰地发展，不如走一条尚没有人走过的路，迅速崛起，这就需要转换思路，具备一定的创新精神。

有这样一则寓言故事：

传说有个卖草帽的老人，挑了一挑草帽去赶集，途经一座山，歇脚之时，所挑的草帽被山上的猴子抢光了。老人左跑右跑，也没有要回一顶草帽，一气之下，把自己头上的草帽用力掼在地上。谁知，树上的猴子跟着照学，把草帽都掼了下来。老人高兴得赶紧捡起草帽继续赶集。

回家后，老人把这件事讲给他的儿子，后来儿子又讲给他的孙子，孙子讲给曾孙子，这个办法就这样一代一代传了下来。老人家族每次遇到草帽被猴子抢，都用同样的办法拿回了草帽。

可是，有一天，老人的后代又到集市上去卖草帽，走到山脚下，草帽又被猴子抢光了，老人的后人笑了笑，从自己头上摘下草帽，掼在地上。但这次这个办法不灵了，他没有看到猴子像以往那样把草帽掼下来，老人的后人惊奇地抬头看着树上头戴草帽扬扬得意的猴子，不知怎么回事。这时，一个猴子开口说话了："就你有爷爷？难道我们就没有爷爷？"

看来，老人后代的思维被经验思维定式桎梏了。而一切创新的前提是创新思维，创新思维必须突破思维定式，掌握科学的思维方法。

作为在平凡生活中追求梦想的普通人，当你感到进退两难、走投

 觉醒

无路的时候,不妨动一动脑筋,用脑子去开创新的路子。

山姆是一家大公司的高级主管,他面临一个两难的境地。一方面,他非常喜欢自己的工作,也很喜欢跟随工作而来的丰厚薪水——他的位置使他的薪水只增不减。但是,另一方面,他非常讨厌他的老板,经过多年的忍受,最近他发觉已经到了忍无可忍的地步了。在经过慎重思考之后,他决定去猎头公司重新谋一个职位。猎头公司告诉他,以他的条件,再找一个类似的职位并不费劲。

回到家中,山姆把这一切告诉了妻子。他的妻子是一个教师,那天刚刚教完学生如何重新看待问题,也就是把正在面对的问题完全颠倒过来看——不仅要跟你以往看这个问题的角度不同,也要和其他人看这个问题的角度不同。她把上课的内容讲给了山姆,这使山姆得到了启发,一个大胆的创意在他脑中浮现。

第二天,他又来到猎头公司,这次他是请公司替他的老板找工作。不久,他的老板接到了猎头公司打来的电话,请他去别的公司高就。尽管老板完全不知道这是下属和猎头公司共同努力的结果,但正好这位老板对于自己目前的工作也厌倦了,所以没有考虑多久,就接受了这份新工作。

这件事最美妙的地方,就在于老板接受了新的工作,结果他目前的位置空出来了。山姆申请了这个位置,于是坐上了以前他老板的位置。

这是一个真实的故事,在这个故事中,山姆本意是想替自己找个新的工作,以躲开令自己讨厌的老板。但他的太太教他换一种方法想问题,就是替他的老板而不是他自己找一份新的工作,结果,他不仅仍然干着自己喜欢的工作,而且摆脱了令自己烦心的老板,还得到了意外的升迁。

一些专家在研究汽车的安全系统如何更好地保护乘客在撞车时不受到伤害时，最终也是得益于换一种方法解决问题。

他们想要解决的问题是，在汽车发生碰撞时如何防止乘客在车内移动，因为这种移动造成的伤害常常是致命的。在种种尝试均告失败后，他们想到了一个有创意的解决方法，就是不再去想如何使乘客绑在车上不动，而是去想如何设计车子的内部，使人在车祸发生时最大程度地减少伤害。结果，他们不仅成功地解决了问题，而且开启了汽车内部设计的新时尚。

在现实生活中，当人们解决问题时，时常会遇到"瓶颈"，这是由于人们看问题只停留在同一角度造成的，如果能换一换视角，也就是换一种方法考虑问题，情况就会改观。

最普通的工作，没有动手之前，总觉得又费时又费劲。关键问题，就是要开动脑筋；考虑好了，一做就成。凡事有思才能有"谋"，只有谋划正确了，才能成就其不凡的事业。现实生活中，许多想成大事者苦于无计可施，其实往往是忽视了思考的力量。成功者从不墨守成规，而是积极思考，千方百计改进解决问题的方法和措施。

聪明人创造机会

所罗门说："智者的眼睛长在头上，而愚者的眼睛是长在脊背上的。"

一个人生活中的每时每刻都充满了机会。学校里的每一堂课是一次机会，每一次考试是一次机会，每一篇发表在报纸上的报道是一次机会，每一次商业买卖是一次机会，每一次都是展示你的优雅与礼貌、

觉醒

果断与勇气的机会，更是表现你诚实品质的机会。优秀的人不会等待机会的到来，而是寻找并抓住机会，把握机会，征服机会，让机会成为服务于他的奴仆。机会常常会出现在你面前，你完全可以把握住机会，将它变为有利的条件。而你需要做的事情只有一件：行动起来。软弱和犹豫不决的人总是找借口说没有机会，他们总是喊：机会！请给我机会！

在这个世界上生存，本身就意味着上帝赋予了你奋斗进取的特权，你要利用这个机会，充分施展自己的才华，去追求成功，那么这个机会所能给予你的东西要远远大于它本身。

一位修士不小心跌入了水流湍急的河里。但他并不着急，因为他相信上帝一定会救他的。正好有人从岸边经过，但他想上帝会救他的，于是没有呼救。当河水把他冲到河中心时，他发现前面有一根浮木，但他想上帝会救他的，于是照样在水中扑腾，一会儿浮一会儿沉。最后他被淹死了。

修士死后，他的灵魂愤愤不平地质问上帝："我是一位如此虔诚的传教士，你为什么不救我呢？"上帝奇怪地问："我还奇怪呢？我给了你两次机会，为什么你都没有抓住？"

懒惰的人总是抱怨自己没有机会，抱怨自己没有时间；而勤劳的人永远在孜孜不倦地工作着、努力着。有头脑的人能够从琐碎的小事中寻找出机会，而粗心大意的人却轻易地让机会从眼前飞走了。

无论人生遇到什么样的际遇，都会有两个机会。一个是好机会，一个是坏机会。好机会中藏匿着坏机会，而坏机会中又隐含着好机会，关键是我们以什么样的眼光、什么样的心态、什么样的视角去对待它。

如果用乐观旷达、积极向上的心态去看待，坏机会也会成为好机会。如果用消极颓废、悲观沮丧的心态去对待，好机会也会看成是坏机会。

机会与风险并存，只有敢于冒险的人，才能够抓住机会，取得成功。而胆小慎微的人，即使机会就在眼前，也不敢上前，只好眼看着机会从面前消失。

人生充满机会，关键要看我们是否善于把握。英国著名小说家艾略特曾经写道："生命巨流中的黄金时刻稍纵即逝，除了沙砾之外我们别无所见；天使前来探访，我们却当面不识，失之交臂。"

20世纪的美国人也有一句俗谚："通往失败的路上处处是错失了的机会。"我们既要积极寻找机会，又要大胆发现机会，抓住机会，并且立即行动，就能够让机会变成现实。

李平就是这样一个不懂得珍惜机会的人。她在一家小公司谋得一份好差事，可是上司要她做一件不在她职责范围内的工作，她拒绝了。不久以后，另一个部门的一位同事问她愿不愿意尝试那个部门的工作，她再度回绝。李平不愿担负其他任何任务，除非给她加薪或升职。她没有看清送到她眼前的机会。假使她接受新任务并且顺利完成，她就有资格要求加薪和升职了。结果部门经理认为她不思进取。

许多人坐等"机会"来敲门，误以为"幸运之神"真的存在，殊不知"运气"带有偶然、意外的性质。比如，有个人去买彩票，结果中了一百万，这就是运气。

有一句格言说得好："幸运之神会光顾世界上的每一个人。但如果她发现这个人并没有准备好要迎接她时，她就会从大门里走进来，然后从窗子里飞出去。"对懒惰者而言，即使是千载难逢的机遇也毫无用处，而勤奋者却能将最平凡的机会变为千载难逢的机遇。

上帝是公平的，他赐予每个人以相同的机遇。但是有的人成功了，一跃成为商业巨人、上层名流。而有的人终日庸庸碌碌，一事无成。

原因就在于有的人抓住了机遇,有的人却让机遇轻易溜走。

要想得到机遇,必须首先正确地认识机遇。机遇并不是凭空产生的,它也是事物发展到了一定阶段所自然而然地发生的一种现象。所以我们不能坐等机遇,守株待兔的方式是注定要失败的。

机遇的确来之不易,一旦抓到了机遇,一定不能放手,我们要最大限度地利用所带来的好处。因为,机遇的到来是个人努力到一定程度后的升华,是我们努力的结果。所以,这时候一定不要客气,要"贪婪"一些。

捕捉"机遇"一定要处处留心,独具慧眼。其实只要你仔细留心身边的每一件小事,它们当中都可能蕴藏着相当的机会,成功的人绝不会放过每一件小事。他们对什么事情都极其敏感,能够从许多平凡的生活事件中发现很多成功的机遇。

有一家名为"新都"的理发店,每天顾客盈门,生意兴隆。有位记者前去打探,发现其生意兴隆是靠"出租"女秘书。这个新颖的创意源于一位顾客在理发店里的一段遭遇——

那是一个大雨滂沱的日子,一位顾客到店里理发。理到一半时他的手机响了,老板让他立即将一份拟好的协议打印出来,送到客户的公司。这下可把那位顾客急坏了,望着窗外的大雨和镜子里刚理了一半的头发,他进退两难。思考再三,他最后还是放弃了理发,冒着大雨去打印社打印协议。结果在客户面前显得很狼狈,自己也觉得很不痛快。此事虽被人们当成了笑话,但理发店的老板却从中受到启发,于是,一个新的服务项目很快在"新都"理发店诞生了。

经过策划,该店雇了一位办理贸易手续的专家、一位打字员、一位翻译和一位办理文件的女秘书。如果顾客是带文件来的,在理发时女秘书就会帮他整理文件;如果顾客需要打印文件,就可以在理发店里完成；如果你需要办理贸易方面的手续，那么店里的专家还可以为你服务……所以，顾客在等候或理发的时候也可以和在办公室里一样办公。此项服务的推出，一下子吸引了那些每日工作繁忙的顾客，使他们觉得来理发不仅是一个很好的放松机会，而且还可以及时处理手上的工作，真是一举两得。而"新都"理发店也依靠这个特色服务，使自己的营业额成倍增加。

机会往往来得都很突然或者很偶然，所以，只有留心、用心的人才有可能在机会来临的一瞬间捕捉到它。处处留心皆机遇，人生的机会可能会以多种方式显现在我们面前。要捕捉它，你就得在平时练就一双慧眼，时时刻刻全身心地准备着去迎接、去拥抱每一次光顾你的幸运之神。

头脑"开窍"你就行

人们常常抱怨自己挣钱无路，孰不知，其实是自己思想被堵塞了。

通常做工作有两种方式：一死板机械，二开拓创新。这与一个人的思维方式有关。完善一个人创造性的思维，尤为重要，它能让你超越平凡。

比尔·盖茨说："最大的财富不是堆积如山的金钱，而是聪明的大脑。打开思路，万物都可以赚钱。"

卡耐基曾说："一个人没有了开阔的思路，就是有再多的好机遇又有什么用，就如同已经躺在了失败的病床上。"可见，思考对人们来说是多么重要！富人的思考方式总是看着前方，运用自己的头脑思考自己未来的生存之路。

觉醒

执竿入城的古老笑话就说了这样一个遇事不肯动脑筋的人。

鲁国有个拿着长长的竿子进入城门的人,起初竖立起来拿着它,不能进入城门,横过来拿着它,也不能进入城门,他实在想不出办法来了。一会儿,有一位老人来到这里说:"我并不是圣贤,只不过是见到的事情多了,为什么不用锯子将长竿从中截断后进入城门呢?"那个鲁国人于是依从了老人的办法将长竿子截断了。

这个人不经过思考,胡乱地相信别人的话,照搬照做,只相信老人片面的经验。试想想,他本来要用一根竹竿,截断了又有什么用呢?因此我们一定要开动脑筋,积极地思考如何工作,切勿推脱和狡辩,这只是自己害自己。

看足球比赛时,经常听到解说员这样的评论:"某某队员完全是用脑子在踢球。"有的运动员在上场之前信心十足,计划好了如何去踢,而且作了最坏的打算。可是真正上了场,进入到比赛的环节,一切就不是那么回事了,就像出了洞的老鼠蒙头转向,始终处于梦游之中,自然会出现各种各样的失误,且有些是平时训练决不会出现的失误。只有那些头脑清醒、精明作战的运动员才会表现出色,发挥超常,最终取胜。

"狭路相逢勇者胜,勇者相遇智者赢";"敢拼不硬拼,斗智不斗力"。聪明人都是以智取胜。世界著名成功学大师拿破仑·希尔提出"思考致富",即运用自己的智慧创造财富。如果一个人只知道一味地努力工作,而不会动脑筋思考,这个人也最终不会太富有。

有句广告语说得很好:"脑袋指挥口袋,思路决定出路。"在当今的知识经济时代,如果你的口袋不鼓,那一定是你的脑袋不够灵光。

举例来说,对于开一家面馆这样一件事,穷人与富人的想法就截然不同。穷人认为投入2万元,一年就净赚2万元,已经很不错了。

穷人即使有钱，也舍不得拿出来，即使终于下定决心投资，也不愿冒风险，最终还是走不出那一步。而富人的出发点是万本万利。富人们会想，一家面馆承载的资本只有2万元，如果有1亿元资金，岂不是要开5000家面馆？要一个一个管理好，大老板得操多少心，累白多少根头发呀？还不如投资宾馆，一个宾馆就足以消化全部的资本，哪怕收益率只有20％，一年下来也有2000万元利润啊！

要想改变，最关键的是要改变自己的思想、观念。即使你贫穷得一无所有，而剩下一颗能思考的脑袋，也会点石成金，创造无穷的财富。毕业于西北大学的姑娘张小敏，在求职过程中发现了新财路，做起了出租衣服和化妆品的生意，找到了一个大市场。

大学期间，为了减轻家庭负担，张小敏决定利用假期打点短工。然而找了很多天也没有找到合适的工作。后来，终于有一家招文秘的文化公司给了她面试通知。张小敏很高兴，面试之前，她设想了很多面试时有可能被问到的问题，并在网上搜集相关的资料，做了充分的准备。

"为了给面试官一个好印象，我特意花了几百元钱买了套新衣服，并找同学借了一双漂亮的品牌高跟鞋。"张小敏说。第二天，她早早地去了面试单位。可出乎意料的是，面试主管打量了她一番，开口问的第一句话竟然是："张小姐，请问你对自己的衣着有什么见解？"

小张看着自己身上穿的这套衣服，不知该说什么好。人事主管看着她摇了摇头，很直率地说，这份工作不适合你。就这样，张小敏莫名其妙失去了一个工作机会。她当时并没有在意，而是紧接着投入到了以后的面试中。

可一个月过去了，仍没有一家公司肯录用她。面对一次次的失败，她非常疑惑：每次面试时，她不仅表现得好，而且穿的也是自认为最

觉醒

上档次的衣服，可怎么就是通不过最后一关呢？

后来，见垂头丧气的张小敏整天在寝室里发呆，一位好心的学姐偷偷告诉她："小敏，你的打扮太寒酸了，没品位！"小张恍然大悟，自己花几百元买的衣服太寒酸了，与那双借来的名牌高跟鞋搭配起来，实在有些不伦不类。当一个"没品位"的女孩子出现在面试官面前时，被拒绝就不难理解了。

可是，那些高档时装一套要上千元，再加上应聘的单位对员工衣着要求也各不相同，一名普通在校女大学生哪有这笔闲钱呢？忽然，一道灵光从她脑海闪过：既然学生消费不起高档时装，而大学生求职时又少不得它们，自己何不买些高档服装，然后出租呢？

想做就做，张小敏先花5000元钱买了四套高档男女套装。时装买回来的当天，张小敏就迫不及待开始运作了。她将每套衣服的租用价格定为每天30元，一切准备妥当后，就背着衣服，到学校大四的学生宿舍里一间一间敲门推荐。然而，很多同学一看是让他们租用服装，先是问了她一堆问题，然后拿着衣服摆弄，就是没有租用的打算。这可急坏了张小敏。

后来，一个老乡告诉小张，并不是那些同学不想租，而是觉得在同学面前靠租高档衣服来撑"门面"，太没面子了。张小敏豁然开朗，从此，她决定通过给学生们"保面子"的方式来做衣服租用生意。

为了扩大影响，小张设计了几幅海报，又复印了200多份传单，将这些贴在宿舍楼道的显眼处——当然，为了避免尴尬，她只留了QQ号。这一招果然收到奇效，几天后，申请加入张小敏QQ好友的大学生越来越多，租服装的生意也开始出现好转，每个星期基本上都有300元左右的收入。

后来，张小敏又主动出击，到各种招聘会现场发宣传单，扩大宣

传面。有一次，一个为期 10 天的招聘会，让她狂赚了 3000 多元！从此，她成了人才招聘会的常客。

在出租服装的过程中，张小敏又发现了另一个商机：很多学生去面试时，为了让自己看上去更为出众，都会化妆。然而，一些学生买的化妆品质量不好，特别是粉底，粉质不够细腻，上了粉后会浮在表面，显得皮肤粗糙，而且化好的妆很容易被汗水弄掉。

这是一个机会！张小敏看准了这一点，马上用她赚到的几千元钱买了一些世界品牌彩妆系列化妆品。每当有女学生前来租用服装时，她就热心地向她们推荐自己新增的服务项目，如果有人用，她就视情况收取少许费用。这一招受到女生的热烈欢迎。很快，她仅靠租用化妆品一项，一个星期就有近 300 元的收入。

随着生意越做越好，小张为了不影响其他同学正常生活，就搬出寝室，在学校附近租了个单间，开了一家工作室。这时，她感觉自己的服装明显已经供不应求了。为了节省成本，同时给顾客提供更多的选择，她学会了到网上的跳蚤市场竞拍，或是向那些家境好的同学以半价购买一些成色新、又不愿意再穿的名牌衣服。如此一来，张小敏衣柜里又多了十几套服装。而且，她还想到，好的衣服也需要一些装饰才能相得益彰。于是，她又特意去选购了一些质地精良的挎包和小配饰，借此吸引更多的顾客。

为了工作方便，她花钱买了一台笔记本电脑，平时若没有生意上门，她就会在网上翻查最新的流行资料，参考本季服装的流行趋势，对彩妆进行研究，不断为自己充电。

许多成功者的例子表明：成为富人或穷人，往往取决于一个人的想法。聪明人总是靠脑袋挣钱。在竞争激烈的今天，只要你头脑"开窍"就能赢。

 觉醒

著名诗人爱默生说:"一个人的样子就是他整天所想的那个样子,他不可能是别种样子!"的确,一个人的思想决定了他的一切。

有人这样说:"世界的财富在美国人兜里,而美国人的财富在犹太人的脑子里。"还有人这样说过:"瑞士人卖的是智慧和技术,美国人卖的是脑子里想出来的东西,日本人卖的是手里做出来的东西,中国人卖的则是地里种出来的东西。"虽说这话有失偏颇,但也说明了同一个意思:智慧至上的成功法则。

白手起家不是梦

要创业首先得勤奋。生活中的许多富人,创业时都是一无所有,他们都是靠着自己的辛勤努力,靠着自己的智慧与胆识,逐渐积累起财富的。

一个人穷并不可怕,可怕的是不勤奋且缺乏智慧。一个勤劳、智慧的穷人可以变成富人,四体不勤、头脑僵化的富人也可以成为贫困潦倒的穷人。

张爱玲说:"出名要趁早。"致富亦然。

俗话说:"天才出自勤奋。"纵观那些"白手起家"者的奋斗历程,我们不难发现:他们的创业无不浸透着心血与汗水;他们取得的累累硕果,都是勤劳与智慧的结晶。

细看那些富翁的成功历程,几乎都是靠好点子起家的!他们凭着自己的奇思妙想,敢想敢说敢做,并且执著于自己的信念。他们创造了千万、亿万的财富,甚至对某些行业和领域的发展产生了至关重要的影响。

而立之年，有的人还在寻觅努力的方向，有的人却已经成为某个领域的佼佼者，王汉荣就是后者。23岁，他利用一次机遇赚到了人生中第一个100万。28岁，王汉荣完成了从零到一千万的跨越，第一个吃了深圳汽车用品超市的"螃蟹"。他在深圳宝安区开设了当时全市最大的汽车用品中心，大到汽车轮胎、汽车音响，小到防滑垫、汽车香水等，上万种汽车用品像普通超市一样敞开摆设、明码标价、自选销售，令消费者耳目一新。

王汉荣4岁丧父，母亲一手把他们兄妹三人拉扯大。为了帮补家计，还在读初中的他就跟着哥哥一起收集村里人采的草药，然后转手卖给药材公司，赚取微薄的差价，王汉荣第一次尝到了做生意的甜头。

后来，村子里有位在钟表厂当师傅的远房亲戚游说王汉荣去当学徒，他几乎没怎么想就揣着哥哥给的150元来到了深圳。刚到工厂，师傅就分给他一顶帽子和一个口罩，他开始了每天十几小时的工作，用麻布轮和蜡给表带和表壳打磨。

"每天晚上回到宿舍我都要用肥皂拼命地搓脸，因为尘土太大，除了口罩遮住的地方外都是黑色的。"王汉荣回忆道。他还很清楚地记得，第一个月的工资是150元。

没多久，带他"出道"的师傅与老板因分成发生了争执，又带着他们跳到了别的厂。不论在什么地方，王汉荣都像海绵一样不断汲取、学习别人的技术。1991年年底，他已经成了打磨车间的骨干，每个月能拿到1000多元工资。第二年，他作出一个重要决定，跳到一个工资不足千元的机械加工厂工作，原因是凭他的技术能够当上生产组组长。

没过多久，这家原本做外销的工厂转为内销，需要开拓国内市场，精通粤语的他被主任推荐去跑业务。推销的工作是艰苦的，东奔西跑的日子里，王汉荣没有放弃任何机会。1994年，有近两年推销生涯的

 觉醒

王汉荣已经有不少固定客户了,这时他在宝安 54 区广深高速公路旁开了间好利时汽车五金门市部。

"每个人都需要别人的肯定,我也不例外。当时厂里选了十几个人出来做推销员,到现在成功的恐怕只有我一个。"王汉荣说。"若没有从英德农村到深圳打工之路,没有那段尘土飞扬的日子,就没有今天的白手起家——打磨手艺成了我走向成功的敲门砖。"

1995 年对于王汉荣来说是一个质的飞跃。内地有些地区接连发生高速公路连环车祸,公安部下令上高速公路的机动车必须安装后雾灯,并且是安装公安部指定生产厂家的后雾灯。"基本上只要你能拿到符合要求的货,就一定好卖,我的店里每天夜里 12 点多还有人排队等着提货,去给车主安装。"王汉荣说。

1997 年,王汉荣租下了位于宝安 39 区的旧海关报关大楼一楼 110 多平方米的商铺作为门面,楼上 1000 多平方米的仓库作为仓储式超市。不到 3 年时间,王汉荣的好利时已经独占宝安汽车用品市场的鳌头。好利时从此步入了稳定发展期,不仅可以自主生产汽车化工、五金、音箱及布艺等产品,还拥有由全世界范围内的 300 多家采购商组成的采购网络,并向全国 800 多家经销商供货。

2004 年年底,由好利时投资设立的爱车空间汽车服务有限公司成立,位于人气最旺的华强北商业区。从试营业开始,爱车空间的业绩稳步上扬,事实证明王汉荣这一步没有走错。

一个人要想发家,可以没有充足的资金,可以没有过硬的关系,但唯独不能缺少的就是智慧与胆识,拥有了智慧与胆识,白手起家就不是神话了。

第七章
能屈能伸

> 君子之心，可大可小；丈夫之志，能屈能伸。就像我们走步：双腿僵直注定走不远，屈伸自如才能健步如飞。人生旅途不全都是笔直的大道，终将有过不去的沟坎。懂得屈伸，即使充满荆棘的路也是坦途。任何时候，都要像弹簧一样，经得住风风雨雨、坎坎坷坷，压得越狠，弹得越高！

成败就在取舍之间

在人的一生中，谁都会面临各种各样的选择，放弃一个机会，就是为了抓住另一个更好更难得的机会。苦恼的最大来源往往是患得患失："取"固费力，"舍"亦太难。但是要有收获，必有付出，不能只取不舍。

非洲土著人抓狒狒有个绝招：将狒狒爱吃的食物放进一个口小里大的洞中，故意让躲在远处的狒狒看见。等人走远，狒狒就欢蹦乱跳地来了，它将爪子伸进洞里，紧紧抓住食物，但由于洞口很小，它的

觉醒

爪子握成拳后就无法从洞中抽出来了,这时人只管不慌不忙地来收获猎物,根本不用担心它会跑掉,因为狒狒舍不得那些可口的食物,越是惊慌和急躁,就将食物攥得越紧,爪子就越无法从洞中抽出。其实,狒狒们只要稍一撒手就可以溜之大吉,可它们偏偏因不愿放下到嘴的食物而丢失了性命。

该放弃时请放弃,不可执迷太深。留得青山在,不怕没柴烧。事实上,放弃可以减轻一些麻烦和折磨,去开始另一件更有意义的事。

冬天,果园里,一位老人站在梯子上咔嚓咔嚓地把果树上的一些枝条剪下来。

一个小孩儿拿起一根枝条,说:"伯伯,它们长得好好的,为什么把它们剪掉?多可惜呀!"

老人说:"傻孩子,剪掉一些,果树才能长得更好呢!"

生活的辩证法就是这样,放弃与获得结伴而行,相辅相成。放弃是一把剪刀,只有将生命之树剪除枯枝赘叶后,才更显生机勃勃。

选择坚持,还是选择改变?这是经常摆在我们每个人面前的难题,坚持,如果在一条错误的道路上,则只能换来更大的错误,而改变,如果进入误区,则意味着前功尽弃。这个时候,往往是当局者迷。能够帮助我们做出选择的,就是身边的人。正是这些人当年的某种影响,促成了今天的我们。

世界上有很多事,不是我们努力就能实现的,有的靠缘分,有的靠机遇,有的我们能以看山看水的心情来欣赏,不是自己的不强求,无法得到的就放弃。

在生活中,我们应该学会舍,而不要一味地取。人的情感更是这样,总是希望有所得,以为拥有的东西越多,自己就会越快乐。所以,人之常情就迫使我们沿着追寻获得的路走下去。可是,有一天,我们

忽然惊觉：我们的忧郁、无聊、困惑、无奈等一切不快乐，都和我们的图谋有关，我们之所以不快乐，是我们渴望拥有的东西太多了，或者太执著了，不知不觉中，我们就会盲目地执著于某一件事。

历史上，韩非子讲过这样一个故事：一个人丢了一把斧子，他认准了是邻居家的小子偷的，于是，出来进去，怎么看都像那小子偷了斧子。在这个时候，他的心思都凝结在斧子上了，斧子就是他的世界，他的宇宙。后来，斧子找到了，他心头的迷雾才豁然开朗，怎么看都不像是那个小子偷的。

仔细观察我们的日常生活，我们都有一把"丢失的斧子"，这"斧子"就是我们热衷而现在还没有得到的东西。

譬如说，你爱上了一个人，而她却不爱你，你的世界就微缩在对她的感情上了，她的一举手、一投足，衣裙的声响，都足以吸引你的注意力，都能成为你快乐和痛苦的源泉。有时候，你明明知道那不是你的，却想去强求，或可能出于盲目自信，或过于相信精诚所至、金石为开，结果不断的努力，却遭来不断的挫折，弄得自己苦不堪言。

放弃一段恋情也是困难的，尤其是放弃一段刻骨铭心的恋情。但是既然那段岁月已悠然遁去，既然那个背影已渐行渐远，又何必要在一个地点苦苦地守望呢？不如冷静地后退一步，学会放弃，一切又会柳暗花明。

懂得放弃才有快乐，背着包袱走路总是很辛苦。中国历史上，"魏晋风度"常受到称颂，他们于佛、老子、孔子，哪一家也说不上，但是哪一家都有一点，在人世的生活里，又有一分出世的心情，说到底，是一种不把心思凝结在"斧子"上的心态。

失去了不能为之伤悲，也许正为下一次的得到做准备。放弃一个机会，就是为了抓住另一个更好更难得的机会。在人的一生中，谁都

会面临各种各样的选择，一个人守在无风的心灵窗前，托腮凝思，总会回忆起昨日的取舍。童年的梦幻早已失去，年少的痴迷也只能依稀在梦里，青春的浪漫流逝在一天天远去的岁月里……没有人喜欢放弃，但是必须学会放弃，因为懂得选择和放弃是生活必备的课程。

对无法得到的东西忍痛放弃，是一种豁达，但也是一种割舍。必须割舍而不肯割舍，是沾滞与执迷，对自己有害无益。能在必须割舍时毅然地割舍，乃是坚强与洒脱。在我们的一生中，不论什么时候，不论什么事情，都是有得有失的。当你得到了的时候，很多东西必定正在失去。但是，人不能因为失去而畏惧。因为得失是一对孪生兄弟，他们时刻与你同在，如果因为害怕失去而不做，也就没有得到了。甚至有很多东西得失之间是有比例的，你只有失去多少，才会得到多少。

人有时候难以保全整个生命，在这种紧急时刻就不要因小失大。确实，失去一根手指可以保全一条胳膊，失去一条胳膊可以保住上身。

现实中有许多这样的例子：

地震发生了，有的人被困在废墟下，其中一条腿被死死地压在下面不能被救出。情况紧急之下，为了保全生命，必须勇敢地锯掉一条腿！

有个小男孩儿一个人上山砍柴，在荒山野岭被毒蛇咬伤了脚趾。在毒液刚扩散、离医院较远的情况下，男孩儿毅然用镰刀砍断了伤趾，忍着伤痛，硬是撑到了医院，结果因砍趾及时保住了生命。

一餐厅服务员端着托盘在顾客中行走，因不小心与顾客碰了一下，导致托盘不稳即将倾倒，这时候，服务员果断地将倾斜的托盘投向了自己，结果弄得自己一身果汁，而顾客却安然无恙，此举被老板看在眼里，不久这位服务员被提升为餐厅经营部经理。

这三个例子有一个共同点，那就是学会放弃。学会放弃也许会改变你的命运。废墟下的人舍弃一条腿，争取了抢救的时间；小男孩儿果断地舍弃脚趾，以短痛换取了生命；服务员果断地把即将倾倒的托盘投向了自己，保住了顾客的利益，以小失换取了事业的转折。

在"舍"之后，使个人生命另有价值，正如在稻谷收成之后，能使园地并不荒废，另行种植其他作物。这作物即或不是正面有关国计民生，但小小的草花、瓜豆，在自娱之外亦足点缀人类精神上的荒芜，又何必一"舍"之后，就觉生命再无价值了呢？

放弃也需要勇气

不要以为只有能"取得"的人是大智大勇，那些能毅然割舍的人，也是一种大智慧。

成功往往蕴涵于取舍之间，不少人看似素质高，但他们因为难以舍弃眼前的蝇头小利而忽视了更长远的目标，于是就给自己生存带来了威胁，甚至失去了生存的机会。成功者有时只是抓住了一两次被人忽视的机遇，而机遇的获取关键在于你是否能够在人生道路上进行勇敢的取舍。

学会选择就是要能够做到审时度势，扬长避短，把握好合适的时机，做出明智的选择就在很大程度上胜于盲目的执著。古人云："塞翁失马，焉知非福。"选择是量力而行的睿智和远见，放弃是顾全大局的果断和胆识。

在某些特定时刻，你只有敢于舍弃，才能保证自己生存，能生存才有机会获取更长远的利益。智者曰："两弊相衡取其轻，两利相权取其重。"趋利避害，这也正是放弃的实质。

觉醒

学会放弃，才能放下人生沉重的包袱。轻装上阵，去迎接生活的另一次转机，度过生命中的风风雨雨，懂得放弃，才能够拥有一份成熟，日子才会过得更加充实、愉快而坦然。

我们常说一个人要拿得起，放得下。而在付诸行动时，"拿得起"容易，"放得下"就很难了。所谓"放得下"，是指心理状态，就是遇到"千斤重担压心头"时能把心理上的重担卸掉，使之轻松自如。

年过八旬的吴阶平教授，在谈及精神养生时介绍的一条主要经验就是"不把悲伤的事放在心上"。他认为"人生不如意的事十之八九"，总要想得开，以理智克制感情。

著名学者季羡林老人的养生经验是奉行"三不主义"，其中有一条就是"不计较"。这都体现了"放得下"的心理素质。

在选择时，人们往往是舍小取大，放下小的，选择大的。然而，有时候这么做并不是明智之举。一个年轻人非常羡慕一位富翁一生中在生意场上取得的成就，于是他跑到富翁那里询问他成功的诀窍。

当年轻人把来意对富翁讲了以后，富翁什么也没有说，转身到起居室拿来了一只大西瓜。青年迷惑不解地看着，只见富翁把西瓜切成了大小不等的三块。

富翁把西瓜放在青年的面前说："如果每块西瓜代表一定程度的利益，你会如何选择呢？"说完，就指着切好的西瓜让青年随手挑一块。

青年眼睛盯着最大的那块说："当然是最大的那块了。"

"那好，请用吧。"富翁笑了笑说，然后便把最大的那块西瓜递给青年，自己却吃起了最小的那块。

在青年还在享用最大的那一块西瓜的时候，富翁已经吃完了最小的那块。接着，富翁微笑着拿起剩下的一块，还故意在青年眼前晃了晃，大口吃了起来。

其实，那块最小的和最后一块加起来要比最大的那一块大得多。青年明白了富翁的意思：虽然富翁吃的西瓜没有自己的大，却比自己吃得要多。

人一生要做的抉择很多，就看你如何选择。一旦做好决定，这个决定将影响着你的一生。放弃需要勇气，需要果断。当我们要放弃通过艰苦追求才到手的东西时，是需要经过反反复复的权衡才能够做出决定的，同时也是需要忍受心理上重重折磨的。因此，放弃需要勇敢的精神，需要明智而理性的抉择。

放弃是一种人生的彻悟，是一种精神上的至高境界。我们能够放弃一些世俗之人急切追求、趋之若鹜的东西，实在是一种气魄，一种大度，一种豁达，一种超然脱俗。

放弃是一种精神上的解脱，一种心态上的理智。当我们为世俗的繁杂喧嚣所纠缠、为虚名微利所困惑时，一旦放弃，我们就如羁鸟返旧林、池鱼归故渊一样，会忘掉人世间的一切烦恼，获得一身轻松。因此，能够真正地懂得放弃的人实在不是简单的，是值得大家敬佩的。

现实生活中又有几人懂得放弃？一些人只知一门心思升官发财，从不知停手，也不想停手。他们贪欲很大，永不满足，一旦锒铛入狱，已是悔之晚矣。记得《红楼梦》中的"好了歌"是这样唱的："世人都晓神仙好，只有金银忘不了，终朝只恨聚无多，及到多时眼闭了。"这就是对那些追求金钱永远不知放弃的人的真实写照。所以，我们如要此生无悔，生活轻松，就必须学会放弃，学会有所放弃。

这个世界有太多美好的东西，比如金钱、权利、荣誉、爱情等。我们面对着这些，有些人会坦然处之，而有些人为了得到它们会苦苦地去追求，不惜花费毕生的精力，沉溺于其中，从而忽略了身边的幸福。而真正要悟出真谛，却要在经历了许多的变故之后才能够清楚或明白。

对于人世间的万事万物，我们没有绝对的把握去获取它们。如果一味地去追求，不懂得在适当的时候退出与放弃，就难以走出心情的低谷从而继续发挥自己的聪明才智。

不管生活如何变迁，不管个人的选择好与坏，不管情感的道路如何波折，我们都应该安然于属于自己的一份放弃。

学会放弃，放弃失恋带来的痛楚，放弃屈辱留下的仇恨，放弃心中所有难言的负荷，放弃耗费精力的争吵，放弃没完没了的解释，放弃对权利的角逐，放弃对金钱的贪欲，放弃对虚名的争夺……凡是次要的、多余的、枝节的应该放弃的都要做到彻底的放弃。

放弃，是人生的极高境界，是自然界发展的必经之路。

同样道理，漫漫人生路，只有学会了放弃，才能够轻装前进，才能不断有所收获。一个人如果将一生的所得都背负在自己的身上，那么纵然他有一副钢筋般的铁骨，也同样会被压倒在地。

昨天的辉煌并不能代表今天，更不能代表明天，过去的成就只能让它过去，做到毫不痛惜地放弃它们。学会放弃，也就走向了成熟。

其实在人类的生命中本身就存在着拥有与放弃之间不经意的完美。曾经记得这样一句话：大舍大得，小舍小得，不舍不得。

生活中学会舍弃自己不特别需要、对人生益处不大的东西，保持一颗简单平和的心。一道门关上了，就会有一扇窗为你打开。

拿得起，放得下

人生是复杂的，但有时又很简单，甚至简单到只有取得和放下。

应该取得的完全可以理直气壮地取，不该取得的要毅然放下。

做人要拿得起，放得下。然而，取得往往容易心地坦然，而放下则需要巨大的勇气。若想驾驭好生命之舟，每个人都面临着这个永恒的课题。

先看看两个和尚过河的故事：

有两个和尚要渡河，在河边，他俩看到一个女子望着脚下的流水发愁。这时，有一个和尚便走上前去，对那个女子说："别发愁，我背你过河吧。"就把那个女子背过了河去。这个和尚把那个女子背过河去后，那个女子说了句感激的话后就走了。

那女子走了之后，这两个和尚便继续赶路。那个没背女子过河的和尚很不满意地对那个背女子过河的和尚说："你这个家伙太不像话了，佛门弟子，不近女色，这是咱们出家人最基本的一戒，你不会不知道吧？可你倒好，竟然把她背过那条大河，你呀，你呀，你原来是一个花和尚呀！"那个背了女子过河的和尚听了大为诧异，就说："哎呀，你怎么这样呢？我早就把她放下了，你怎么还没有放下呀！"

这是佛经里一个著名的故事。瞧，这就是放下。我们总是不知不觉地背上了许多其实与我们无关的包袱，我们还不愿意放下。渐渐地身上的负担越来越重，却还在抱怨别人。像那个没背女子过河的和尚一样，为自己背上沉重的精神负担。

每个人在生活中都会遇到打击和挫折，都会遇到失败。有些人在失败面前屈服了，而真正的斗士则不会屈服于失败，他会想尽一切办法，东山再起，重新奋起，直到胜利。

卡耐基的事业刚起步时，在密苏里州举办了一个成年人教育班，并且陆续在各大城市开设了分部。他在广告宣传上花了很多钱，同时房租、日常办公等开销也很大，尽管收入不少，但在过了一段时间后，

觉醒

他发现自己连一分钱都没有赚到。由于财务管理上的欠缺，他的收入竟然刚够支出，一连数月的辛苦劳动竟然没有什么回报。

卡耐基很是苦恼，不断地抱怨自己的疏忽大意。这种状态持续了很长一段时间，整日里闷闷不乐，神情恍惚，无法将刚开始的事业继续下去。

最后卡耐基去找中学时的生理老师乔治·约翰逊。

"不要为打翻的牛奶哭泣。"聪明人一点就透，老师的这一句话如同醍醐灌顶，卡耐基的苦恼顿时消失，精神也振作起来。

"是的，牛奶被打翻了，漏光了，怎么办？是看着被打翻的牛奶哭泣，还是去做点别的？记住，被打翻的牛奶已成事实，不可能被重新装回瓶中，我们唯一能做的，就是找出教训，然后忘掉这些不愉快。"这段话，卡耐基经常说给学生，也说给自己。

人生不如意，十之八九。无法改变的事，忘掉它；有机会去补救的，抓住最后的机会。后悔、埋怨、消沉不但于事无补，反而会阻碍新的前进步伐。

我们生命的每一天都是一个新的起点，你的未来在等着你，一切都尽在你的自我掌控之中，而关键就在于你是否有勇气放弃原有的"外壳"，寻找到更适合你的新的"外壳"。

古语说："宠辱不惊，闲看庭前花开花落；去留无意，漫观天外云卷云舒。"这句话就道出了"放得下"的快乐，而作为现代人，我们为何不像他们一样，学会"放得下"来给自己增加点心理弹性，这样你就会在生活中少一份烦恼，多一份快乐。

在现实生活中，"放不下"的事情实在太多了。

比如子女升学，家长的心就首先放不下；比如老公升官或者发财，老婆也会忐忑不安放不下心，怕男人有钱变坏了；比如遇到挫折、失落或者因说错话、做错事受到上级和同事指责，以及好心被人误解受到委屈，于是心里总有个结解不开，放不下。总之，有些朋友就是这也放不下，那也放不下，想这想那，愁这愁那，心事不断，愁肠百结。长此以往，势必产生心理疲劳，乃至发展为心理障碍。

英国科学家贝佛里奇指出："疲劳过度的人是在追逐死亡。"我国唐代著名医药家、养生学家孙思邈，享年102岁的他在论述养生良方时说："养生之道，常欲小劳，但莫大疲，莫忧思，莫大怒，莫悲愁，莫大惧，勿把忿恨耿耿于怀。"他指出这些心理负担都有损于健康和寿命。

事实也是如此，有的人之所以感到生活很累，无精打采，未老先衰，就因为习惯于将一些事情放在心里放不下来，结果在心里刻上了一条又一条"皱纹"，把"心"折腾得劳而又老。

辩证论治疗，对症下药，处于上述各种状况时，最简单可行的方法就是"放得下"。"不管风吹浪打，胜似闲庭信步。"这是多么潇洒地放得下啊！

在人生的道路上，我们常常会被高昂而光彩的词句弄昏了头，以不屈不挠、百折不回的精神坚持死不认输，死不放弃，结果，最终输掉了我们自己！如果能把忧愁放下，那就称得上是幸福的"放"，因为没有忧愁的确是一种幸福。当你把自己的快乐带给别人时，你会觉得其实在这个地球中还是有许多快乐的事情的。

生活在五彩缤纷、充满诱惑的世界上，每一个心智正常的人都会有很多的理想、憧憬和追求。否则，他便会胸无大志，自甘平庸，无所建树。

不过，在现实生活中，我们也需要有一种放弃的智慧。当你与人发生矛盾或冲突时，只要不是什么大的原则问题，你完全可以放弃争

觉醒

强好胜的心理,甚至甘拜下风,这样就能化干戈为玉帛,避免两败俱伤。因为争论的结果,十有八九是使双方比以前更加相信自己是绝对正确的;当你在家庭生活中发生摩擦时,放弃争执,保持缄默,就可以唤起对方的恻隐之心,使家庭保持和睦温馨……

放得下是一种清醒。晋代陆机《猛虎行》有云:"渴不饮盗泉水,热不息恶木阴。"讲的就是在诱惑面前的一种放得下,一种清醒。以虎门销烟闻名中外的清朝封疆大吏林则徐,便深谙放得下的道理。他以"无欲则刚"为座右铭,为官四十年,在权力、金钱、美色面前做到了洁身自好。他教育两个儿子"切勿仰仗乃父的势力",实则也是本人处世的准则。他在《自定分析家产书》中说:"田地家产折价三百银有零"、"况目下均无现银可分",其廉洁之状可见一斑。他终其一生,从来没有沾染拥妓纳妾之俗,在高官重臣之中恐怕也是少见的。

在我们的现实生活中,也需要有一种放得下的清醒。在物欲横流的今天,摆在每个人面前的诱惑实在太多,这就需要保持清醒的头脑,勇于放得下。如果抓住想要的东西不放,甚至贪得无厌,就会带来无尽的压力、痛苦不安,甚至毁灭自己……

学会放下,就是知道自己在摸到一张臭牌时,不要再希望这一盘是赢家。歇口气,下回再来。可在实际生活中,像打牌时这样明智的,却少之又少,想想看,你手上是不是正捏着一张,舍不得丢掉?

学会放下,就是在陷进泥塘里的时候知道及时爬起来,远远地离开那个泥塘。有人说,这个谁不会呀?可实际生活中,不会的人多了。那个泥塘也许是个"国营单位",也许是个投资项目,也许是个"三角"或"多角"恋爱,也许是个当作家的梦……

学会放下,就是发现上错了公共汽车时能及时下车,另坐一辆,别让自己越坐离目标越远。

成也英雄，败也英雄

有勇气就有希望，有希望就有未来。不要总生活在过去的阴影里，要鼓起生活的勇气和信心，不放弃任何一个机会。

成者为王，败者为寇似乎是个千古不变的真理，而发展到今天，却有些行不通了。

失败意味着一个人曾经努力拼搏过；没有失败的人，根本无从谈起成功二字。失败的人依然会赢得别人的尊重，比那些根本没拼搏过的人胜过百倍。没有拼搏过的人才是永远的失败者。只要拼搏过，失败了，仍然是好汉！

我们经常在电视画面上看到这样一幕：在一项跑步项目中一个运动员意外跌倒，膝盖划破了或扭伤了，立即被其他选手甩了开来。但是他仍然勇敢地站起来，一瘸一拐地坚持"跑"向终点。

2008年9月9日，北京残奥会上就上演了感人的两幕。比赛当天傍晚，美国短跑选手雪利准时来到"鸟巢"，他将在男子100米－T44决赛中向世界纪录保持者南非选手皮斯托留斯发起挑战。发令枪响后，站在第四跑道的雪利冲出起跑线，谁也没有想到刚刚过了40多米，雪利摔倒了，几秒之间赛道上只留下他一个人的身影。雪利忍着疼痛慢慢地爬起来，用一条腿"蹦"完了余下的赛程。激烈刺激的比赛眨眼间结束，工作人员和几位队友向他跑去观察伤情。雪利拒绝躺在担架上，最后在大家的搀扶下眼含泪水，坐着轮椅离开了赛场。

另外，在男子5000米盲人组T13第一轮比赛，危地马拉运动员洛佩斯在落后一圈多的情况下，仍迈着坚定的步伐冲向终点。被这种

 觉醒

精神感染的观众,全体起立鼓掌,给予他比冠军还热烈的喝彩。他们尽管没有取得冠军的好成绩,但他们的勇气鼓舞了大家,他们也是真正的英雄!

人生路上,失败是难免的,很多英雄都可以一笑置之,你为什么不能笑一笑呢?不要活在失败的阴影里,有勇气站起来,就一定能成功。就像一首歌中唱道:"心若在梦就在,天地之间还有真爱,看成败人生豪迈,只不过是从头再来。"许多下岗工人就是从这首歌里受到了鼓舞,重新振作起来,走上了创业之路。

牛桂贤是阜新市新邱矿公司的一名下岗职工,后来,在有关部门的帮助下创办了自己的企业——太平区意鑫工艺品厂。生产的产品主要是西方欧洲国家圣诞节、复活节、情人节装饰品、花等,都是按照欧洲国家的风俗习惯、礼仪参考制作的。生产至今,产品品种已达到上万种。其中,有部分产品是自己设计的。

牛桂贤的成功之路是万分曲折的。1998年在朋友的帮助下,牛桂贤向亲戚朋友借钱开了一个废品收购站。刚开始什么也不懂,一是愁没有来送货的;二是有送货的来了,却又没有钱;三是货多了卖不出去,钱又返不回来。一年下来,赔了两万多。2003年,牛桂贤又通过朋友,投资20万元开了一个小型轧钢厂,两个月挣了3万元。想不到那时国家出台了一个政策——"砍五小"。就此,他全部的投资血本无归,20万元一夜之间没有了。可在家人面前,又不敢表露出来,真不知道今后的路该怎么走。牛桂贤茫然了,但他的爱人和孩子却没有一句怨言,还劝他从头再来。在生活的艰苦和巨大的变化面前牛桂贤并没有退缩,反而炼就了吃苦耐劳、要强上进的性格。

2005年3月,牛桂贤参加了阜新市劳动就业服务局培训中心举办的创业培训(SYB)学习班,系统地学习了创业知识与技能,坚定了

重新创业的信念,增强了自主创业的能力,增强了适应市场和承担风险的意识和能力。根据自己的专长、兴趣、爱好,经过专家研究考证,牛桂贤决定从手工艺品制作这方面入手。

很快,就办好了企业的相关手续。虽然手工艺品制作从来没有做过,没有经验,更没有产品的订单,但是,牛桂贤还是接到了第一份订单。回到家后,找来了六七个人开始按订单要求制作产品,经过一番努力,产品全部合格,并按时交了货。

为了发展生产,牛桂贤借钱在城南买了一套房子,又买了设备,开起了意鑫工艺品厂,第一批订货单接到后,随之而来的困难也多了,订货单上明确标着日期一个月,12000件,芯片挂件,在30天内完成,单凭现有的六七个人想完成这个订单是不可能的。于是再一次在政府相关部门的帮助下,找来了十几个下岗姐妹,并且帮助这些新招员工解决了技术上的问题。

万事开头难,经过一段时间的实践,牛桂贤带领大家攻克了一个又一个难关,逐渐摸索到了有效的工作途径和方法。

在创业的几年里,牛桂贤也有无数次退缩的想法,有的时候真的不想再坚持下去了。可他回头看看孩子,再想一想下岗姐妹们那种渴望就业的目光;多少个不眠之夜里,多少个姐妹和他并肩奋战在生产线上;有多少个领导在跑前跑后无私地帮助他,一想到这些,牛桂贤的泪水就情不自禁流出来。他发誓要用泪水化做一股无穷的力量,编织一曲就业者之歌。于是他又增强了创业的信心和勇气。

牛桂贤用自己的勤劳和智慧,努力钻研、勇于向命运挑战,在创业的道路上成为时代的佼佼者。如今他的企业成为"阜新市太平区再就业培训基地",牛桂贤本人也被评为阜新市创业带头人。

命运不是一成不变的,是随着你的选择而转化的。作为社会中的

人,不可能整天面对一成不变的事情,做企业的要面对市场的变化,做学问的要面对知识的更新,做管理的要面对人事的变动。面对这些变化,没有敢想敢说敢做的勇气是不行的。没有敢于行动的心态,我们就会害怕变化,害怕未知,就会使我们的生活、我们的事业越来越糟糕。

勇气就是能够超越愤怒、悲惨、恐惧、不平,同时内心明确地告诉自己生命是美好的,尽管有很多磨难,但生命是有意义的。

只为成功找方法,不为失败找借口

成功很简单,就是不要为自己找借口,成功与借口不能共存。没有借口,一生都没有任何借口,如此最大的受益人最终都是自己,而且还会帮助身边的人。

一个人不可能一辈子一帆风顺。"胜败乃兵家常事"。有些失败是由于客观因素,逃都逃不过,所以你还是不要找各种借口为好。因为找借口会成为一种习惯,让你错过探讨真正失败原因的机会,这对你日后的成功是毫无帮助的。凡事找方法解决者,一定是成功者;凡事找借口推托者,一定是失败者!

在现实生活中,不把失败当一回事的人实在不多,而这种人也不一定会成功,因为他不能从失败中吸取教训,尽管有过人的意志也没用。但不敢面对失败,老是为失败寻找借口,也不能使自己获得成功。为自己的失败寻找借口的人一般都不承认自己的能力有问题,固然有很多失败是来自于客观因素,是无法避免的,但大部分失败却都是因主观原因造成的。

也许你认为失败是因为部属侵占公款，但那也是因为你用人不当，管理不善。也许你认为失败是因为全球性的经济不景气，但那也是因为你对全球经济一向疏于了解、研究、判断，无法预测。也许你认为失败是因为投资过大，但那也是因为你的判断有问题。

总而言之，你完全可以从自身的角度去研究失败，如你的判断能力、执行能力、管理能力等，因为事情是你做的，决策是你做的，失败当然也就是你造成的。因此，你大可不必去找很多借口。即使找到了借口，那也不能挽回你的失败。

每个人都喜欢努力为自己寻找借口来掩盖自己的过失，推托自己该做的事，要知道，借口就是推卸责任的表现。

美国的西点军校在全世界名气很大，不仅培养了一批批优秀的军事人才，也培养出无数的商界精英。在这所学校里面有一个久远的传统，就是学生遇到长官问话时，只能有四种回答："报告长官，是！""报告长官，不是！""报告长官，不知道！""报告长官，没有任何借口！"除此以外，不准多说一个字。

"没有任何借口"是美国西点军校一直奉行的最重要的行为准则，是西点军校传授给每一位新生的第一个理念。它强化的是每一位学员要想尽办法去完成任何一项任务，而不是为没有完成任务去寻找借口，哪怕是看似合理的。

总是为失败找借口的人除了无助于自己的成长之外，也会造成别人对你能力的不信任，这一点也是必须注意的。当一个人总是沉湎于毫无意义的绝望沮丧的情绪中时，就容易产生"失败者的跛足"，即"失败者的借口"。因此，为了更好地利用你的才能，你必须开始抛弃你可能有的"失败者的借口"。

典型的失败者的借口是：我天生不是推销员、不是医生、不是律

师、不是艺术家、不是建筑师、不是工程师，等等。

生活中最令人痛心的是听到有人说："我要是能像别人那样能走、能跑、能跳、能唱、能舞、能思考、能集中精力等就好了。"那意思其实就是："如果我能有别人那样的能力，有什么是我干不了的呢？"朋友，如果你没有运用你自己的能力，借助别人的力量你甚至连棉桃都摘不了。

借口是成功路上的绊脚石。借口可能人人都说过，可能有时会想，一个小借口而已，无伤大雅，但是久而久之，就会被借口这糖衣炮弹所蒙蔽，想问题做事都阿Q起来。不但如此，借口还具有传染性，借口的外衣让它看起来不是那么惹人讨厌，而且总爱找借口的人似乎看起来也很春风得意，自然多多少少会影响周围的人，于是这样的借口、这样的人会悄悄地传染到周围环境，一个小单元的借口又会蔓延到另一个单元，乃至整个社会。借口就像瘟疫，一种精神的瘟疫，让人无心向上，工作懒散，使精力和斗志看起来那么的面黄肌瘦。

美国成功学家格兰特纳说过这样一段话："如果你有自己系鞋带的能力，你就有上天摘星的机会！"

让我们改变对借口的态度，把寻找借口的时间和精力用到努力工作中来。因为工作中没有借口，人生中没有借口，失败没有借口，成功也不属于那些寻找借口的人！所以，立即行动，赶走借口，因为它是精神的瘟疫！

忍小事方可谋大局

"忍"为修身立本的真经，"忍"为成事立业的必修之课。学会了

"忍"，你就学会了管理自己，控制自己。

古人云："小不忍则乱大谋。"为人处世如果能够忍辱负重，那就是一种韬晦、涵养、胸襟宽广和目光远大的象征。"小不忍则乱大谋"这句名言体现了儒家思想中的忍耐精神，百行之本，忍之为上。在人生的一切事业上，都需要忍耐、克制。

谁不想功成名就，谁不想轰轰烈烈干一番惊天动地的大事业。可是这世界上能干事的人不少，成大业的却不多，究其原因，方方面面，主客观因素都有。比如要有良好的社会背景，有千载难逢的机遇，也要有智商、有文化、有修养等。其中，"忍"也是成就大业的必备心理素质。

所谓"忍小谋大"，就是要站得高，看得远，不为眼前的小是小非缠住手脚，排除各种干扰，创造条件奔向大目标、大事业。"忍小谋大"就是不计一时一事的得失，忍住急功近利的念头，一切都为实现大目标、成就大事业铺平道路。

"忍小谋大"，还要从思想上摆正大与小的辩证关系，不因小失大，不因大而丧失信心，放弃眼前的努力。长远目标与短期行为，大事业与小功利，国家、民族大计与个人的七情六欲等关系都要处理得当，这样才不至于"小不忍则乱大谋"了。

宋代苏洵曾经说过："一忍可以制百勇，一静可以制百动。"是说忍的作用可以抵抗千军万马。同样是"忍小谋大"的策略，苏洵的话更加明确地道出小忍与大谋的关系，强调了"小忍"的无形威慑力。

诸葛亮七擒孟获而不斩，忍住仇恨，并且是一忍再忍，终于以自己的忍让制伏了叛军，保住了国家的安宁和平。

孟获是三国时期蜀国南方部族的首领，因率兵反蜀、制造叛乱，诸葛亮前去平定。当诸葛亮听说孟获不但打仗勇敢，而且在当地各部

族中很有威望时,想到如果把他争取过来,就会使蜀国有个安定的大后方,岂不更好。于是下令,对孟获只许活捉,不得伤害。当蜀军和孟获的部队交锋时,诸葛亮授意蜀军故意败下阵来,孟获仗着人多,只顾向前冲锋,结果中了蜀军的埋伏,孟军大败,孟获第一次被活捉。

当时孟获心想,这下子肯定没有活路了,没想到一进了蜀军的大本营,诸葛亮立即让人给他松了绑,陪他参观蜀军的军营,好言好语劝他归降。孟获不但不服气,而且傲慢无理,诸葛亮毫不气恼,反而放他回去准备再战。孟获跑回部落后,重整旗鼓,又一次进攻蜀军,结果又一次被活捉。诸葛亮耐心规劝,孟获仍是不服,诸葛亮又放了他。孟获再次改变战略进攻蜀军,或坚守渡口,或退守山地,却总不能摆脱诸葛亮的控制,一次又一次被擒,一次又一次被放,到了第七次被捉时,诸葛亮还要再放,孟获却不肯走了。他流着泪说:"丞相七擒七纵,待我可是仁至义尽了,我打心里佩服。从今以后,不再反叛了。"孟获回去以后,还说服各部落全部投降,南中地区重新归蜀汉控制,蜀国的大后方变得稳定,南方各部族的人民也得以休养生息,安居乐业。

常言道"事不过三",忍让一次两次可以,再三再四绝对不行。可是诸葛亮对孟获却捉了放,放了捉,耐着性子忍了七次,如果不是孟获服输投降,他还打算再放孟获,绝没有因为孟获的不识抬举而放弃忍耐。诸葛亮之所以这样做,目的是为了以德服人,攻克孟获的心,让他心悦诚服地归顺蜀国,不再叛乱。所以他一次又一次地忍耐了孟获的傲慢无理,以他的足智多谋,以他的宽容大度,以他的好言规劝,也以他的军事实力,感化孟获这块顽石,进而降服了整个南中地区少数民族头领,稳定了蜀国对大后方的统治,最终达到了长治久安的目的。如果诸葛亮不忍,一刀杀了孟获,充其量也只是消灭了一个叛军头目，很可能按下葫芦起来瓢，其他部落的少数民族头领还是要继续造反。由此可见，忍与不忍的区别在于，不忍只能得一时的痛快，忍了，却能得到长远的利益。

所以，要成就大业，就得分清轻重缓急，大小远近，该舍的就得忍痛割爱，该忍的就得从长计议，从而实现理想宏愿，成就大事，创建大业。

历史上有许多面对一时的羞辱不较不怨，没有逞匹夫之勇，因而避免遭遇横祸的故事。

张耳和陈余是魏国的名士，秦国灭掉魏国后，张耳和陈余隐姓埋名来到了陈县，靠在街上给人看门为生。有一天，当地一小吏责打陈余，陈余想起身反抗，张耳暗暗踩了他一脚向他暗示，使他接受了责打。

等小吏走后，张耳把陈余拉到桑树下对他说："以前我是怎么对你说的？今天受到一点小羞辱就忍受不了，难道想要死在这个小吏手上吗？"陈余马上理解了张耳的良苦用心。没过多久，张耳和陈余都做了公卿丞相。当初他们如果与小吏发生争执，那就有可能是完全不同的结果了。

一个人要想培养自己高尚的节操，就要在小事上有所忍让。韩琦是北宋的三朝宰相，他性情深厚纯朴，心胸宽广，待人宽宏大量。他曾经说过："欲成大节，不免小忍。"韩琦率军驻扎在定州时，有一次他晚上写信，叫一个士兵拿着蜡烛站在他的旁边照明。士兵只顾看别的地方了，没想到蜡烛倾斜烧到了韩琦的鬓发，韩琦立即用衣袖把火拂灭继续写信。等会儿回头一看，发现旁边拿蜡烛的人已经换了。他怕主管的官吏惩罚那个士兵，急忙把他叫来，说："不要换掉他，他现在已经懂得怎样持蜡烛了。"

 觉醒

此后,军中的官兵都十分佩服韩琦的度量。韩琦驻守大名府时,有人献给他两只非常宝贵的玉杯,说是绝世之宝。韩琦用白金酬谢了献杯的人。他对玉杯十分喜爱,每逢宴会招待客人,都特别命人摆一张桌子,上铺锦缎,把玉杯放在上面。

有一天,韩琦招待管理漕运的官吏,他准备用这两只玉杯装酒招待客人。突然一位侍吏不小心撞倒了桌子,两只玉杯都摔碎了。客人们都很吃惊,那位侍吏也伏在地上等候惩罚。韩琦脸色不变,笑着对客人们说:"任何物质的存亡都是有规律的。"并对那位侍吏说:"你是失误造成的,并非是故意的,有什么过错呢?"客人们都对韩琦宽厚的德行和度量佩服不已。

古今中外,能成大事的人都是有大忍之心的人。然而,一个人如果不经历浮沉磨砺,不潜心修炼,就很难做到大度宽容,刚柔相济,百折不挠。在人生的道路上不忘修身养性,不断加强自己的道德修养,就能养成"贫贱不能移、富贵不能淫、威武不能屈"的高尚气节。

忍,是一种"心机",是一种生存智慧。在中国历史上,有很多人都是在面临危险时以忍化解险情,求得生存,然后获得机会,一举成功。

忍,是一种韧性的战斗,是一种永不败北的战斗策略,是战胜人生危难和险恶的有力武器。

好汉敢吃眼前亏

俗话说"好汉不吃眼前亏",这是提醒人们懂进退,识时务,是一种明哲保身的人生哲学。但是有人将其极端化,成了"好汉永远不吃

亏"，这就走上了歧途。实际上，人们对处处抢先占便宜的人一般没有什么好感。这样，他从做人上来说就吃了大亏。因为你已经处处抢先了，你从来不等别人想到你而总是主动跳出来为自己谋一点你看在眼里的利益，那么你周围的人就再也不会主动为你着想了，反而要处处对你设防，你岂不是吃了大亏？所以，有时候"好汉"也要会吃"眼前亏"。

成功需要有一定的智慧，而"主动吃亏"就是智慧的表现。吃亏是一种智能，是大智若愚。聪明的人从"吃亏"中学到智能，悟透人生；抱怨的人从"吃亏"中产生怨恨，敌对人生，但愿每个人都是那个聪明的人。

汉朝开国名将韩信是"好汉要吃眼前亏"的最佳典型。

秦朝末年，农民起义风起云涌，出现了许多英雄人物，韩信就是其中一位有名的军事统帅。

韩信出身贫贱，从小就失去了双亲。建立军功之前的韩信，既不会经商，又不愿种地，家里也没有什么财产，过着穷困而备受歧视的生活，常常是吃了上顿没下顿。他与当地的一个小官有些交情，于是常到这位小官家中去吃免费饭，可是时间一长，小官的妻子对他很反感，便有意提前吃饭的时间，等韩信来到时已经没饭吃了，于是韩信很恼火，就与这位小官绝交了。

在韩信的家乡淮阴城，许多年轻人看不起韩信。有一天，一个横行乡里的恶霸看到韩信身材高大却常佩带宝剑，以为他是胆小，便在闹市里拦住韩信，说："你要是有胆量，就拔剑刺我；如果是懦夫，就从我的胯下钻过去。"围观的人都知道这是故意找碴儿羞辱韩信，不知道韩信会怎么办。只见韩信想了好一会儿，一言不发，就从那人的胯下钻过去了。当时在场的人都哄然大笑，认为韩信是胆小怕死、没有

勇气的人。这就是后来流传下来的"胯下之辱"的故事。

如果当时韩信不爬,后果会怎样呢?恐怕少不了挨一顿拳打脚踢,不死也得丢半条命,哪来日后的统率三军建功立业?"留得青山在,不怕没柴烧"。忍一时风平浪静,退一步海阔天空。"吃得眼前亏,可保百年身"。

一个人只要愿意吃小亏,敢于吃小亏,不去事事占便宜,讨好处,日后必有大"便宜"可行,也必能成大器。

小贩们卖东西常缺斤短两,钱是赚了些,可亏心;欠了人家的钱赖着不还,还转移财产,钱财是落下了,理亏;仗着有点钱有点权,做很多不公德的事,无权无钱的人敢怒不敢言,歪风行其道,公理靠边站,这种人的权势也许越来越大,可他们亏了德性。

吃点小亏对你的利益其实不会有什么损失。人心是一杆秤,如果你能使自己做到不斤斤计较,对别人不过分苛求,待人宽厚,你周围的人就会信赖你、尊重你,你就会有一个宽松而和谐的生活氛围,你就会时时有开心的感觉。这大概就是"吃亏是福"的真谛。东北商人王小光就尝到了吃亏的甜头。

王小光在唐山开了一家手机配件公司。有一次,一个老客户来买手机配件,可是,王小光找遍了公司的库存,就是没有这个配件。这时客户很着急,因为拿不到这个配件,他所在的企业就面临停工。看到客户如此着急,王小光便承诺一定在一天之内把货送到。

于是,王小光亲自开车直奔唐山供货方。谁知,唐山也没货了。他只好连夜乘飞机赶回东北老家。他不顾一路上的饥饿与疲劳,又在东北联系相关的生产厂家。在他连续联系了十几个厂家后,终于找到了这个手机配件。拿到配件后,他就直奔机场。

第二天,当他把货交到客户手中时,客户感动得无法言语。但是,这次生意对于王小光来说，是一桩赔本的生意。因为一个配件才400元，利润也就20元，可王小光却付出了2000多元的交通费。

但是，他却得到了客户的信任。第二天，客户所在的企业就敲锣打鼓地送来大匾，还带上当地媒体来采访王小光，宣传他这种一心想着客户的事迹。就这样，王小光吃亏待客户的消息在业内广泛流传，他的生意随后越来越红火。

所以说，吃亏，是有责任的表现。怕吃亏永远吃亏，不怕吃亏永远不会吃亏。暂时吃亏，会赢得日后的发达。

美国亨利食品加工工业公司总经理亨利·霍金士先生有一次突然从化验室的报告单上发现，他们生产食品的配方中，起保险作用的添加剂有毒，虽然毒性不大，但长期服用对身体有害。如果不用添加剂，又会影响食品的鲜度。

亨利·霍金士考虑了一下，他认为应以诚对待顾客，于是他毅然把这一有损销量的事情告诉了每位顾客，随之又向社会宣布，防腐剂有毒，对身体有害。

他做出这样的举措之后，使他自己承受了很大的压力，食品销路锐减不说，所有从事食品加工的老板都联合起来，用一切手段向他反扑，指责他别有用心，打击别人，抬高自己，他们一起抵制亨利公司的产品，亨利公司一下子跌到了濒临倒闭的边缘。苦苦挣扎了4年之后，亨利的食品加工公司已经倾家荡产，但他的名声却家喻户晓。

这时候，政府站出来支持霍金士了。亨利公司的产品又成了人们放心满意的热门货。亨利公司在很短时间内便恢复了元气，规模扩大了两倍。亨利食品加工公司一举成了美国食品加工业的"龙头公司"。

生活中总有一些聪明的人，能从吃亏中学到智慧。在国产手机品牌受到国外知名品牌的强大冲击下，能杀出重围，取得顾客信任，是

觉醒

有很大难度的,尤其在竞争持续白热化的今天。然而,联想手机却在市场中站稳了一席之地。

有人发出疑问:"现在很多人都走捷径、炒快勺,而联想却还是花这么大精力做产品,成本肯定要高,你们这样做,就不怕吃亏吗?"

联想集团高级副总裁兼联想移动总经理刘志军回答说:"有些亏是该吃的,做企业就要为最终的消费者负责。未来会证明,联想手机现在吃的亏,将来会赢得更大的回报。因为消费者的眼睛是雪亮的。"他认为,要在手机行业取得长期发展,不能过于浮躁;如果单纯追求速度,追求一时的利益,有可能为以后埋下隐患甚至带来更大的伤害。所以,联想手机会在一些工作上坚持不懈地做下去,以不怕吃亏的精神来应对市场。

吃亏是福,吃亏的福不在吃亏的本身,而在吃亏以后产生的影响。当你真正理解了吃亏是福的时候,就有福了,那些不愿吃亏的人早晚要真的吃大亏。

敢于承担责任

当你明确自己的人生目标与责任时,你会发现一切都那么清晰,人生会因此更有意义。

我们每个人都是社会的一分子,要尽到对社会的责任和义务;同时,又是家庭的一分子,也要尽到对家庭的责任和义务。如果我们每个人都能对社会和家庭尽到应尽的责任和义务,那么我们这个社会就少了许多纷争和掠夺,少了许多奸险和罪恶,而多一些安定和祥和。

俄国大文豪托尔斯泰说过:"有无责任心,将决定生活、家庭、工

作、学习的成功和失败。这在人与人的所有关系中也无所不及。"心理大师马斯洛也曾深刻地指出："每次承担责任就是一次自我实现。"显然，离开了自我责任，也就失去了实现自我、超越自我的最终支点。只有明确自己的责任，才能使自我实现的进程不断延续。

责任感是敬业务实的伴生物，没有责任感的人是不会对工作忘我投入、甘于奉献、任劳任怨的。一要对自己负责，二要对工作、对他人、对社会负责。

当今社会竞争越来越激烈，面对生活中的压力、坎坷、困难，有人选择逃避，有人选择直面与征服。逃避是一种消极心态和没有勇气面对挑战的行为。有人说，人生最大的错误是逃避，在成功的路上，逃避是极大的心理障碍。不同选择决定不同结果，事实上，越逃避就越躲不开失败的命运，越敢于迎头而上就越能品到成功的甘甜。

美国西点军校认为：没有责任感的军官不是合格的军官，没有责任感的员工不是优秀的员工，没有责任感的公民不是好公民。正是这样严格的要求，让每一个从西点毕业的学员受益匪浅。

放弃责任就等于放弃了成功的机会，强烈的责任感能激发一个人的潜能。在工作或生活中，经常可见这样一些人，他们缺少责任感，只有别人强迫他们工作时，他们才勉强应付工作，这样怎能充分发挥出自己的潜能呢？

承担责任越多，是对你能力的肯定，大家对你的信任。因为大家都乐于把责任和工作交给具备所需能力的人。所以，承担的责任越多，应该感到荣幸，并为此而自豪高兴。引用热映电影《功夫》中的一句话："能力越大，责任越大！"

责任越大意味着付出越多，不要太计较付出与回报的比例，有些回报可能是无形的，要相信只要你努力付出，肯定就有回报。

 觉醒

要勇于承担责任,敢于承担责任,并且承担好责任。自我价值和社会价值的实现就体现在所担的责任和所尽的义务中,要做一个对社会、对企业、对他人有用之人,需要主动承担责任。不但如此,还应该承担好落实在自己身上的责任,为了不辜负把责任交与你的人的期望,就要具备强烈的责任感和使命感去完成好自身的责任工作。

敢于承担责任的人将会得到大家的拥护和宽容,遇事逃避责任的人人们也将远离他。

小陈和小张同时到一家物流公司工作,从上班第一天就被分为工作搭档。他们工作一直都很认真努力,老板对他们很满意,然而一件事却改变了两个人的命运。一次,小陈和小张负责把一件大宗邮件送到码头。这个邮件很贵重,是一个清代瓷瓶,老板反复叮嘱他们要小心。到了码头小陈把邮件递给小张的时候,小张却没接住,邮包掉在了地上,瓷瓶碎了。

事后,老板对他俩进行了严厉的批评。"老板,这不是我的错,是小陈不小心弄坏的。"小张趁着小陈不注意,偷偷来到老板办公室对老板说。老板平静地说:"谢谢你小张,我知道了。"随后,老板把小陈叫到了办公室。"小陈,到底怎么回事?"小陈就把事情的原委告诉了老板,最后小陈说:"这件事情是我们的失职,我愿意承担责任。"

小陈和小张一直等待处理的结果。老板把他们俩叫到了办公室,说:"其实,瓷瓶的主人已经看见了你俩在递接瓷瓶时的动作,他跟我说了他看见的事实。还有,我也看到了问题出现后你们两个人的反应。我决定,小陈,留下继续工作,用你赚的钱来偿还客户。小张,明天你不用来工作了。"

这个例子说明,对工作、对他人、对社会负责,才能为社会所容纳,从而赢得自己在公司中一席稳定的生存位置,从而在工作中得到

更好的发展。怕责任，怕承担，怕辛苦，则永远不会进步；怨天地，怨命运，怨他人，则永远不受重视。

可是，在现实中，喜欢逃避的人屡见不鲜，然而逃避始终是件不光彩的事情。爱逃避者最常用的伎俩是什么呢？"这不是我的错"、"我不是故意的"、"本来不会这样的，都怪……"、"没有人不让我这样做"、"这不是我干的"等。这些都是逃避的借口。当一个人说"这不是我的错"时，表明他在全盘否认自己的过失；当他说"我不是故意的"时则表明他在请求宽恕，是通过表白自己并无恶意而推卸掉部分责任；其中，"这不是我干的"是对责任最直接的否认。而"本来不会这样的，都怪……"是凭借扩大责任范围推卸自身责任。

工作中，老板需要那些敢作敢当，勇于承担责任的员工。因为，在现代社会里，责任感是很重要的，不论对于家庭、公司、社交圈子，都是如此。

大胆承认自己的错误

敢于认错并不是人人都能做得到。最要不得的是"知道错了，还要推卸责任"，那才是不可宽恕的。

假如你常常犯错，却又一点也不肯认错，那么产生的问题就已经不限于"认错"了。人都会犯错误，为什么不勇于承认错误呢？犯了错就要承认，尤其在你明白自己犯错的时候就要马上认错，因为你犯的错误可能正在影响他人，而一再迟疑只能显出你一味地将责任推卸给别人。你应该勇敢地告诉受影响的那一方，你可以或者愿意做什么样的补偿以更正错误；假如损害实在无法弥补，道歉是你唯一能做的。

 觉醒

　　勇于承认自己的错误，可以澄清事实，消除误解，让人知道你有责任感。这样做，要比为自己争辩有效和有趣得多。在一些非原则性的问题上，即使你没有错，有时先主动认错不仅会显示出你的胸襟，还会使你赢得一个良好的人际关系。

　　一个人有勇气承认自己的错误，可以获得某种程度的满足感，这不仅可以有效地消除内疚感和自我卫护的气氛，而且有助于解决因这个错误所制造的麻烦和问题。

　　伟大革命导师列宁，有一次让女秘书把全体委员的名单给他，却因为没有说是"名单"二字，而使女秘书误以为是让各个委员来列宁办公室开会。事后，列宁不但没有把错误推卸给女秘书，反而自己勇于承认了错误，使女秘书备受感动。

　　列宁的这种精神多么的难能可贵，他为我们做出了光荣的榜样！他这样做是正确的，是令人敬佩的，列宁没有像其他人那样，把自己的错误推到别人身上。列宁得到了女秘书的敬佩，他维护了女秘书的尊严，让女秘书不再自责伤心，同时，也显出了他的伟大和崇高。

　　在我们的生活中，我们也应该学习列宁的这种精神，这种勇于承认自己错误的精神。这样我们才能在学习中进步，才能得到朋友和同学的敬佩。倘若自己做错了事，却要推到别人的身上，就会使朋友讨厌自己，觉得自己是个不道德的人。

　　现实生活中，有些人明明知道自己做错了却推卸责任，这样很容易使其名誉扫地，失去诚信，成为众矢之的。反之，一个敢做敢当、勇于认错的人，会赢得他人的信赖，在工作上如鱼得水。

　　职场中主动承认自己的错误，远比让别人批评要心情舒畅。如果你觉察到他人认为你有不妥之处，或者想指出你的不妥之处时，你就应该自己先讲出来。要知道，不管是上司还是同事，他们对此绝对是

会宽宏大度、不予计较的。但是，如果你不但意识不到自己的错误，还试图为自己的错误辩解，那么你只会在错误中越走越远。实际上，勇于承认自己错误的人远比为自己辩解的人要高明得多！

哈威是某公司在亚利桑那州的项目负责人，一次因他错误地核算，付给了请病假的员工霍尔全薪。当哈威发现这个错误之后，对霍尔说："你的病假是总部特批的，公司发现我错误的核算后一定会在下月的薪水支票中减去多付给你的薪水金额。请您原谅！"

霍尔有些为难地说："如果在一个月内扣除我多领的薪水，那么下个月我的财务就会变得相当的困难，你也知道我因为生病已经用去了不少钱，您能不能请求公司分期扣回我多领的薪水？"

"我知道你有困难，"哈威说，"我必须先获得上级的批准，这样一定会使老板大为不满。但这一切的混乱都是我的错误，我会尽量想办法弥补。"

于是，哈威找到老板，说了详情并承认了自己的错误。老板听后大发脾气，先是指责人事部门和会计部门的疏忽，后又责怪办公室的另外两个同事，这期间，哈威则反复解释说这是他的错误，不干别人的事……

最后，老板愤怒地瞪着哈威说："好吧，这是你的错误。就按你的意见把这个问题解决了吧！"

哈威虽然遭到了老板训斥，但顺利地解决了由于自己所犯错误带来的后果，也给霍尔争取到了分期扣除薪水的机会。当然，这事很快被霍尔在部门内广泛传颂，全部门的员工也都更加紧密地团结在了这个勇于承认自己错误并努力为下属争取利益的领导周围。

任何人都有为自己的错误辩护的本能，但能承认自己的错误的人显得更高人一等，并有一种高贵怡然的感觉。勇于承认自己的错误，必将会获得广泛的赞誉，并得到善意的相助。当然，也会让你自身的职业技能得到提升，从而赢得一席之地！

孔夫子曾说："吾日三省吾身。"之所以要"省"，就是因为他知道他也可能会犯错误，但每天反省自己就能够时时提醒自己不要再犯类似的错误。这才是正确的态度，也是一种追求人生成功的积极心态。

你可能是一个老板，或是某个单位的头儿，总之，你的手下领导着一大群人。前两天，在一项工作中你出现了较大的失误，甚至造成了较大的经济损失。碰到这种事情，你会怎么办？一种选择就是大大方方地承认自己的错误，向全体员工认错，承认自己工作中的失误，并希望全体员工在以后的工作中敢于指出自己的错误，尽量减少可能有的损失。

你还有另一种方法，那就是死撑着，绝不认错。道理很简单：一认错，岂不威信扫地，以后还怎么做老板，怎么做领导？手下的人又会怎么看我？你可能会说，我肯定选择第一种，大大方方地承认错误。你的这种选择自然是对的，但是你未必说的是真话。实际情况是，你不一定选择第一种方案。

坦诚地承认错误，实在是我们做人的一种法则，也代表着我们做人的风度。更重要的是，坦诚认错，会为你以后的发展提供一面镜子。

第八章
赢在口才

> 俗话说:"君子动口不动手。"好口才不是政治家、军事家、外交家、文学家等名人的专利,它存在于千千万万普通人的生活中,存在于我们日常的工作和学习中。良好的谈吐,可以增进人与人之间的了解,可以把彼此之间的距离缩短。拥有好口才的人可以将语言作为一种武器去解决生活中的各种矛盾,与他人更好地沟通。

不要败在说话上

我们天天在说话,并不见得我们是会说话的。说话的好坏直接关系到一个人做事的成败。

人都希望别人能对自己说实话,但在某些特定的场合下,实话实说往往会令人尴尬、伤及自尊。

办公室文员小宁就是一个说话没"心眼儿"的人,他性格非常内向,平时不太爱说话。当有人就某件事情征求她的意见时,她往往突然间说出来的话会很"刺"人,而且她的话总是在揭别人的"短儿"。

一次,一位女同事穿了件新衣服,其他人都称赞"漂亮"、"合适",问及小宁,她不假思索地说:"一般!我觉得这种颜色你穿有点儿艳,还有,你太胖了,看起来有点儿紧。"

当事人很生气,而且其他大赞衣服"怎样怎样好"的人也很尴尬。这完全是由于小宁没有"心眼儿",说的话"太真实"。虽然有时小宁会为自己说出的话后悔,可在发表意见时,她仍然管不住自己的嘴,总是把别人最不爱听的话突然间说出来,让人不好接受。时间一久,同事们便把她排除在集体之外,都不愿意和她说话,结果公司里几乎无人主动答理她。

在交际场上口若悬河、滔滔不绝,固然是不少人所向往的,但是,假若口无遮拦,说漏了嘴,说错了话,也是很难补救的,所以说话应讲究"忌口"。否则,若因言语不慎而让别人下不了台,或把事情搞糟,是不礼貌的,也是不明智的。

热衷于打听别人隐私的人是令人讨厌的。在西方人的应酬中,"探问女士的年龄"被看做是最不礼貌的习惯之一,所以西方人在日常应酬中可以对女士毫无顾忌地大加赞赏,却不去过问对方的年龄。

人们似乎都有一大爱好,那就是特别注意他人的隐私,而且尤以注意名人的隐私为最。那些街头小报一旦出现了一篇有关某某名人的隐私,如"某某离婚揭秘"、"某某情变内幕"之类,就容易被哄抢一空。

在与人交往中,为了避免引起别人的不快,一定要避免探问对方的隐私。在你打算向对方提出某个问题的时候,最好是先在脑中过一遍,看这个问题是否会涉及对方的个人隐私,如果涉及了,要尽可能地避免,这样对方不仅会乐于接受你,还会为你在应酬中得体的问话与轻松的交谈而对你留下好印象,为继续交往打下良好的基础。

有人喜欢当众谈及对方隐私、错处。心理学研究表明：谁都不愿把自己的错处或隐私在公众面前"曝光"，一旦被人曝光，就会感到难堪而恼怒。因此在交往中，如果不是为了某种特殊需要，一般应尽量避免接触这些敏感区，免使对方当众出丑。必要时可采用委婉的话暗示你已知道他的错处或隐私，让他感到有压力而不得不改正。知趣的、会权衡的人只须"点到即止"，一般是会顾全自己的脸面而悄悄收场的。

当面揭短，让对方出了丑，说不定会恼羞成怒，或者干脆耍赖，出现很难堪的局面。至于一些纯属隐私、非原则性的错处，最好的办法是装聋作哑，千万别去追究。

在交际场上，人们常会碰到这类情况，讲了一句外行话，念错了一个字，搞错了一个人的名字，被人抢白了两句等。这种情况，对方本已十分尴尬，深怕更多的人知道。你如果作为知情者，故意搞得人人皆知，以为"这下可抓住你的笑柄啦"，来个小题大做，拿人家的失误来做取乐的笑料，这样做不仅对事情的成功无益，而且由于伤害了对方的自尊心，你将结下怨敌。同时，也有损你的"光辉"形象，人们会认为你是个刻薄饶舌的人，会对你反感、有戒心，因而敬而远之，所以，最好的处理方法就是不要故意渲染他人的失误。

在社交中，有时会遇到一些竞争性的文体活动，比如下棋、乒乓球赛等。尽管只是一些娱乐性活动，但人的竞争心理总是希望成为胜利者。一些"棋迷"、"球迷"就更是如此。有经验的社交者，在自己取胜把握比较大的情况下，往往并不把对方搞得太惨，而是适当地给对方留点面子，让他也胜一两局。尤其在对方是老人、长辈的情况下，你若穷追不舍，让他狼狈不堪，有时还可能引起意想不到的后果，让你无法收场。

 觉醒

其实,只要不是正式比赛,作为交流感情、增进友谊的文体活动,又何必酿成不愉快的局面呢?

在其他的事情上也一样,集体活动中,你固然多才多艺,但也要给别人一点表现自己的机会,你即使足智多谋,也不妨再征求一下别人的意见。"一言堂"、"独风流"是不利于社交的。此时,要给对方留点余地。

在交往中,我们有时结识了新朋友,即使你对他有一定好感,但毕竟是初交,缺乏更深刻的了解,你不宜过早与对方讲深交、讨好的话,包括不要轻易为对方出主意。因为这很可能会导致"出力不讨好"的结果。因为对方若实行你的主意,却行不通,好友尚可不计,但其他人则可能以为你在捉弄他,即使行之有效,他也不一定为几句话而感激你。除非是好友,否则不宜说深交的话。

有些事情,对方认为不能做,而你认为应该做;或者对于某事,你是箭在弦上,不得不发,而他却又认为不该做,或做不了。这时你不要把自己的意见强加于他。强人所难,是不礼貌、不明智的。

有的人说话时旁若无人、滔滔不绝,不看别人脸色,不看时机场合,只管满足自己的表现欲,这是修养差的表现。说话应注意对方的反应,不断调整自己的情绪和讲话内容,使谈话更有意思,更为融洽。强人所难和不见机行事都是应当避免的。

你必须注意,即使是一个很好的题材,说时也要适可而止,不可拖得太长,否则会令人疲倦。说完一个话题之后,若不能引起对方发言,或必须仍由你支撑局面,就要另找新鲜题材,只有如此,才能把对方的兴趣维持下去。

在谈话当中,对方的发言机会虽为你所操纵着,但你也必须时常找机会诱导对方说话。比如,说到某一环节时可征求他对该问题的看

法,或在某种情形时请他介绍自己的经验等。勿使对方一味地茫然听讲,才不失为一个善于说话的人。

如果话题转了两三次,而对方仍无将发言机会接过去的意思,或没有做主动发言的表示时,你也应该设法把这个谈话结束。即使你精神还好,也应让别人休息休息。自己包办了大半的发言机会,是不得已时才偶尔为之的方法,若以为别人爱听自己说话,或不管别人是否感兴趣,只顾自己随意说下去,那就有失说话的艺术了。

无论在任何地方和场合,针对任何话题,我们都要做到尽量少说话,不要口无遮拦。曾看过一个笑话,是这样的:

有一个业务员,花了一个上午的时间,凭着三寸不烂之舌说服了一名客户购买他的汽车。不过,客户想等进一步检测完制冷设备后再进行交易。这个业务员在启动汽车冷气时说了这么一句话:"这车的冷气很强劲,某市曾发生此类车的冷气冻死人事件……"

客户未等他说完,连逃带跑就离开了。

说一千,道一万,总之千万不要败在说话上!否则,不仅前功尽弃,甚至一切努力将付诸东流。

大胆说出自己的想法

成功大师卡耐基曾说:"人才未必有口才,而有口才者肯定是人才!"

说话能力是成功的捷径。能言善辩的人,往往令人尊敬、受人爱戴、得人拥护。它使一个人的才学得到充分拓展,从而事半功倍,业绩卓著。可以说,发生在成功人物身上的奇迹,至少有一半是由口才

 觉醒

创造的。

也许,你曾听说过这样一句话:"未来的世界,是会说话人的天地,让不会说的人走开!"

美国新当选的总统奥巴马的魅力来自何方?很简单,主要来自他的演讲。据说奥巴马在一次演讲的过程中,国会中的两党议员们起立鼓掌达30次之多!美国排名第一的演讲培训人沃克——克林顿和奥巴马两任美国总统所聘请的演讲培训顾问,总结了奥巴马的演讲奥秘。奥巴马演讲上场的时候会与听众进行交流,比如握手、微笑或招手之类。他讲话清晰,节奏起伏,目光不停地来回扫描在场的每一位听众,并且能做到恰当地停顿思考。

实际上,奥巴马将这种演讲过程中的沉静,作为一种思考来对待,类似舞台剧中高潮出现前的静场,让人充满期待。据说,目前在美国,想学奥巴马演讲的人非常之多。而奥巴马旋风也早已从美国吹到了全世界,从加拿大到中国,奥巴马的粉丝都有不少。

大声地说出自己的想法,等于是一种宣战,在你大声说出来的那一刻,就是你决定自己命运的时候,但是,仅仅敢说还不能称为好口才,还要能说、会说。

古语所云"三寸不烂之舌",就是赞誉这些能言善辩之人的。比如,历史上诸葛亮"舌战群儒"和"骂死王朗"就是两件著名的以口才争辩所获得的辉煌战果。

有一副好口才是成功的快捷方式,当你拥有这种才能时,你的能力也将使你备受瞩目,鹤立鸡群。相反,一个有学问而没有口才的人,和人讨论时就有点难于应付,这样会在无形中损失很多有利条件。

在这里,我们虽不可能去做辩士或说客,但我们必须明白,一个人的一生,不外乎就是"言语"和"动作",即说话和办事。我们不能

终身不说话，一切人情世故，大多掌控在说话当中。我们的话说得好，小则可以欢乐，大则可以兴国；我们的话说得不好，小则可以招怨，大则可以坏事。所以古人说："一言可以兴邦，一言可以丧邦。"

当然，思维是口才的基础，口才是思维的表达，能说会道的人一般都头脑聪慧、思维敏捷。少数人的口才可以说是出于天生，但多数人的口才却是出自勤于训练的结果。口才与思维的训练是相互促进的，要使自己更聪明，使自己成为一个活跃的人，使自己能获得成功，应多多训练自己的口头表达能力。一个当众不敢说话的人，最大的原因就是由于"心理作祟"的缘故。

当然，一个胸无点墨的人，也不可能在说话中都能做到应对如流。因为"学问"是一个利器，有了这个利器，一切才有可能迎刃而解。你虽不能对各种专门学问皆作精湛的研究，但那些所谓的常识却是必须具备的。有了一般的常识，倘若能巧妙地运用起来，足以应付与任何人作十分钟的兴趣谈话。这就需要多读书、多看报、多关注世界的动向，比如国内的建设情形、科学界的新发明新发现、世界各地的地方特点或人物的特性以及艺术新作、时髦服饰、电影戏剧作品等，以此来丰富自己的知识。

语言是思想的外壳，语言的力量能够沟通世界上最复杂的信息网络——人的心灵。在职场上、商场上有"先声夺人"、"一诺千金"的说法；在政界有"金口玉言"、"一言定升迁"之语；在文化界有"点睛之笔"、"破题妙语"之论；在生活中也常有"生死荣辱系于一言"之说……可见，在现代社会的激烈竞争中，对于一个有实力的人而言，是否能说、是否会说，都会直接影响着我们事业的成与败。

好口才，赢天下

成大事一定要有好口才，好口才是事业成功的阶梯，好口才是一种卓越的人生资本，好口才更是一种用之不尽的财富。好口才已经成为生存的必要条件之一，口才的好坏直接影响着人的一生。

口才好，可以充分地展示自己，可以提高自我的生存发展能力，可以更好地实现自我价值，可以更有效地影响别人，可以化解人生危机，可以让你少走弯路，可以让你成功零障碍。所以说，成大事者一定要有好口才，好口才助人成功，好口才成就辉煌人生。

好口才是现代人必备的素质，是事业成功的必要条件。社会的各行各业，日常生活的方方面面，都不可避免地要用到口才。要想在生活中处理好人际关系，想把事情办好，就要有一副好口才。好口才是成大事者必备的特质。

古往今来，能够圆润通达者多为能言善辩之辈，不善言辞者往往处世艰难，甚至招致失败。依靠口才取得成功的人不在少数，可是，靠着三寸不烂之舌能够把天下玩得转的就寥寥无几了。

春秋战国是我国舌辩之士的鼎盛时期。名流之士凭着三寸不烂之舌，得宠于君王，官至一人之下，万人之上，好不得意。靠口才赢天下，有两个人物不得不提，那就是身佩六国相印的苏秦和身佩三国相印的张仪。

张仪和苏秦，两个人都想做一番轰轰烈烈的大事业，两人一起拜鬼谷子先生为师。鬼谷子教学生，特别强调口才的教育，认为口才是心灵的门户，一个人的意志、喜怒、思虑、智谋，都要由口才表现出来。嘴巴的一闭一合，关系到一个人的荣辱休戚，说得好了扶摇直上，说得不好命丧黄泉。可见纵有满腹经纶，如果没有好的表达能力，也是不行的。"三寸之舌，强于百万雄兵"，说的就是口才的作用。

然而有一天，张仪到楚国游说时跟楚国宰相饮酒，碰巧相国家里丢了一块玉璧，众人一口咬定是张仪偷去了玉璧。他们把张仪绑起来，拷打了几百下后逐出府门。回家后，张仪的妻子说："唉！假如你不读书游说，怎会受到这样的侮辱？"张仪却对妻子说："你看看我的舌头还在吗？"妻子忍俊不禁，说："舌头还在。"张仪说："这就够了！"后来，张仪不仅凭着辩才雪了耻，还取得了秦国的宰相之位。这就是好口才的力量。

与张仪同时代的苏秦，最初游说列国诸侯到处碰壁，不得已穷愁潦倒而归。他的父母因他没出息而不认他这个儿子，他的嫂子甚至在家中指鸡骂狗而不给他做饭吃。他受尽了羞辱，于是头悬梁、锥刺股，秉烛读书通宵达旦，苦练舌辩功夫，终于成为能言善辩的饱学之士。他再次游说列国诸侯，宏论阔议，倾倒六国君王，使他挂上了六国相印。

每个人都会说话，但是如何把话说得恰到好处，说得圆满，说到对方的心坎上，并不是每个人都能做到的。这里的关键在于说话者在说话的时候，不要把功夫都浪费在一些无关紧要的枝节上。

社会是一本难懂的大书，一个人要想融入社会、顺应社会，良好的口才起着举足轻重的作用，有个好口才势在必行。吹牛拍马、夸夸其谈、哗众取宠固然不可，但巧舌如簧、舌尖生花却不可无，总之要在"巧"字上下工夫，这样，你的事业才能如鱼得水，左右逢源。

大千世界，芸芸众生，各依各的姿态性情生活于世间。有人开朗，有人内向；有人持重，有人活泼。总体来说，活泼外向的人更有亲和

力，能言善辩者更能得到上司的赏识。相比之下，讷言罕语、内向型的人，出头的机会就要少得多了。你默默地工作，默默地奉献，可你口讷嘴笨，不会适时汇报和表功，你的功劳可能就无人知晓，有时甚至还会让能言善辩者据为己有。

都说人类是万物之灵，究其原因，大概就是因为人类语言器官特别发达，诸事都能用语言交流，比如演讲、汇报、表功、弹劾、谗言、诽谤等。因此，作为人类之中的一分子，你如果不是能说会道，巧舌如簧，那后果也就可想而知了。

有时，在某些特殊的场合，必须立即回答一些难以回答的或是具有挑衅性的问题，智慧的人常以巧妙的、非逻辑的方式"妙语连珠"、"语妙天下"、"妙趣横生"、"妙语巧辩"……从而摆脱困境。这其中的"妙"来自于联想，来自于突破思维的局限，但这种"联想"和"突破"也必须注意"合理"，更要"合适"。

如果说世界是个变化着的万花筒，反映客观世界，表达和交流思想的语言也是个变化的万花筒，那么，如何运用各种语言就更是一个变化的万花筒。

国外一家旅馆老板应聘三名男性应试者时问："假如你无意间推开房门，看见女房客正在淋浴，而她也看见你了，这时，你该怎么办？"

甲答："说声'对不起'，然后关门退出。"这个对答无称呼，虽简洁，但不符合侍者的职业要求，而且也没使双方摆脱窘境。

乙答："说声'对不起，小姐'，然后关门退出。"这个称呼虽然准确，但不合适，反而加深了旅客的窘迫感。

丙答："说声'对不起，先生'，然后关门退出。"

结果，丙被录用了。为什么呢？因为他这种故意误会的说法，维护了旅客的体面，非常得体、机智，表现出一个侍者应该具有的职业素质和应变能力。

还有一个与此相类似的故事：

一个人在市场上买了六只来自中国的麻雀，决定用它们去讨好国王。

按照这个国家的习惯，七是大吉大利的数字。要是送去六只，国王也许会不高兴，要是国王真的发怒，那就更加麻烦了。但是，中国麻雀只有六只，怎么办呢？他想了半天，决定混进一只本国麻雀，凑足七只献给国王。

国王一见，果然高兴，他仔细地把它们逐一玩赏了一遍，突然发现有一只本国麻雀混在里面，立即大怒，责问道："这算怎么回事？是不是你自恃博学多才，欺我寡陋无知？"

那人吓了一跳，但他马上回答："陛下果然是火眼金睛，洞察分明，可这只本国麻雀是另外六只中国麻雀随行的翻译。"

这个人利用类比思维做出了巧妙的别解——人出国需要有翻译，那么麻雀也不例外，那只本国麻雀就是一位翻译。正中有歪，歪中有正，几分正确，几分荒谬，国王见他奉承得体，便嘉奖了他。

传说唐朝文成公主既美丽，又聪明。她选驸马时提出一个条件：如果谁提出的问题能难倒她，她就嫁给谁。许多王公贵族子弟来求婚，提出各种稀奇古怪的问题，但是文成公主都对答如流。他们只好高兴而来，败兴而去。

松赞干布得知消息后，也赶来求婚。他非常坦然、恳切地向文成公主提到："请问，我提个什么问题能难倒你？"

文成公主听后，什么也没有说就应下了婚事。

可见，说话能力是一个人必备的素质之一。好口才会给你带来好

运气,拥有好口才就等于拥有了辉煌的前程。

人人各有立场,如果都冲动地、直截了当地阐明自己的立场,恐怕世界纷争不断。所以既要维持表面的和谐关系,在捍卫自己的理念上又不能有丝毫让步时,机智就是最好的方法,它能使你另辟蹊径、沉着应变,展现你博学多才的风采。

用舌头代替拳头

征服一个人,以至于征服一群人,用的往往不是刀剑而是舌头。

一言之辩,重于九鼎之宝;三寸之舌,强于百万之师。一个人有没有水平,主要表现在说话上。说话水平高是一个人获得社会认同、上司赏识、下属拥戴和朋友喜欢的最便捷最有效的手段。在人的各种能力当中,说话能力是最能表现一个人的才干、见识、智慧和水平的标志。如果一个人说话水平不高,那他就不能很好地驾驭自己的思想和感情,当然也不能很好地驾驭各种事情和各种情况下的人际关系。

舌头是圆的,舌头也是软的,又软又圆的舌头能把丑话说成好话,也能把好话说成丑话。征服一个人,以至于征服一群人,用的往往不是刀剑而是舌头。一个真正懂得说话艺术的人,不见得字字珠玑,但是,他总能说出对方想听到的话。

人之所以要学习"说话"的方法,原因就在于人必须在不同的论点中寻求和谐,不能因各自不同的理念而损及人际关系。因此,与人沟通时,就必须注意分寸的拿捏。如果论辩中既不想太强硬,又不想违背自己的原则主张,你可用"绵里藏针"法,这或许是一个不错的方法。"绵里藏针"意味着软中有硬,"硬"是通过"软"的方式表现出来的，婉言中预示警戒，柔弱中显示刚强。

春秋时期的晋国，自晋文公即位后，发愤图强，使得国家迅速兴盛起来，成为春秋时期的一大强国，晋文公也成了一代霸主。可接下来，晋襄公、晋灵公却不思进取，只图享乐，结果，晋国的霸主地位不知不觉地就被楚庄王代替了。

晋灵公即位不久，便大兴土木，修筑宫室楼台，以供自己和嫔妃们享乐游玩。那一年，他竟挖空心思，想要建造一个九层的楼台。可以想见，如此庞大复杂的工程，要耗费多少人力、物力！可灵公不顾一切，征用了无数的民夫，花费了巨额的公款，修建了几年，也没能完工。全国上上下下，无不怨声载道，但都敢怒不敢言，因为这位晋灵公明令宣布："有哪个敢提批评意见，劝阻修造九层之台的，处死不赦！"

但是，有一天，谁也没想到大胆的大夫孙息竟敢来求见，灵公料他是来劝谏的，便拉开弓，搭上箭，只要孙息开口劝说，他就要射死孙息。谁知孙息进来后，像是没看见他这架势一样，非常轻松自然，笑嘻嘻地对灵公说："我今天特地来表演一套绝技给你看，让你开开眼界，散散心。大王您感兴趣吗？"

灵公一看有玩的就来神了，问："什么绝技？别卖关子了，快表演给我看看。"

孙息见灵公上钩了，便说："我可以把12个棋子一个个叠起来后，再在上面加放9个鸡蛋。不信，请看。"说着，便真的玩起来。他一个一个地把12个棋子叠好后，再往上加鸡蛋时，旁边的人都非常紧张地看着他，灵公禁不住大声说："这太危险了！这太危险了！"

孙息一听灵公这样说，便趁机进言，说："大王，别少见多怪了，还有比这更险的呢！"

 觉醒

灵公觉得奇怪,因为对他来说,这样子已经是够刺激、够危险的了,还会有什么更惊险的绝招吗?便迫不及待地说:"是吗?快让我看看!"

这时,只听见孙息一字一句、非常沉痛地说:"九层之台,造了三年,还没有完工。三年来,男人不能在田里耕种,女人不能在家里纺织,都在这里搬木头、运石块。国库的金子也快花完了。兵士得不到给养,武器没有钱铸造。邻国正在计划乘机侵略我们。这样下去,国家很快就会灭亡。到那时,大王您将怎么办呢?这难道不比垒鸡蛋更危险吗?"

灵公一听,猛然醒悟,意识到了自己干了多么荒唐的事,犯了多么严重的错误,便立即下令,停止筑台。

人生活在社会上,天天都要说话,把话说好是办好事情的前提,话说不好,不仅办不成事,而且一句不经意的冷言恶语也许会让人寒彻心肺、怀恨终生。常言道:"谋事在脑,成事在言。"可见语言是成事必不可少,也是至关重要的能力。

赚钱就凭一张嘴

生意不完全是做出来的,很大一部分是说出来的。沟通从"嘴"开始,你若不会说,不会表达,纵然有好的机会,也会从身边溜走。

俗话说,一句话可以把人说跳,一句话也可以把人说笑。语言的力量就是这样神奇。当今社会,说一口漂亮话,是做人的一项真本领。

商场如战场,语言就显得更为重要了。有人说"好胳膊好腿,不如长个好嘴"。也就是说,在某种情况下,"好嘴"能比"好胳膊好腿"

创造更大的价值。

商场上的语言不仅是一门学问，也是一门综合性的艺术。如果掌握了这门艺术，这张"好嘴"就能起到意想不到的作用。

一位女孩儿到一家鞋店买鞋。鞋店的一位售货员态度极好，不厌其烦地替她找合适的尺码，但都没找到。最后她耸了耸肩说："看来没有合适你的鞋子，因为你的一只脚比另一只大。"

那位女孩儿非常生气，站起来要走。经理听到了赶紧走过来，让她等一下，自己亲自为她挑选一双鞋子。果然，那位女孩儿满意地买好鞋子离开了。

售货员问经理："你是怎么将鞋子卖出的？她的两只脚真的是一大一小。"

经理说："我说她一只脚比另一只脚小，她就没有生气，反而很高兴！"

由此看来，同样一件事，两种不同的说法，可以造成两个截然不同的结果。可见，赚钱就凭一张嘴，换个说法就能赢！

在激烈竞争的社会中，拥有好的口才往往事半功倍，获得意想不到的成功。没有口才的人，如同发不出声音的留声机，虽然一直在不停地辛苦地转动，却难以引起人们的注意。

每逢周末，有许多青年男女伫立街头，其中有不少人是等待与情侣相会的。有两个擦鞋童，正高声叫喊着以招徕顾客。

其中一个擦鞋童高声喊道："先生请坐，我为您擦擦皮鞋吧，保证又光又亮。"

另一个擦鞋童却喊道："先生，约会前，请先擦一下皮鞋吧？"

结果，前一个擦鞋童摊前的顾客寥寥无几，而后一个擦鞋童的喊声却引来了一个个青年男女让他擦鞋。

 觉醒

这究竟是什么原因呢?

当我们听到第一个擦鞋童的话,尽管他很有礼貌而且热情,并且附带着质量上的保证,但这与此刻青年男女们的心理差距甚远。因为,在黄昏时刻破费钱财去"买"个"又光又亮",显然没有必要。人们从这儿听出是"为擦鞋而擦鞋"的意思。

而第二个擦鞋童的话就与此刻男女青年们的心理非常吻合。"月上柳梢头,人约黄昏后",在这充满温情的时刻,谁不愿意以干干净净、大大方方的形象出现在自己心爱的人面前?一句"约会前,请先擦一下皮鞋",说到了青年男女的心坎上。这位聪明的擦鞋童,传送着的是"为约会而擦鞋"的温情爱意。

"约会前,请先擦一下皮鞋吧"这句话一下子抓住了顾客的心,因而大获成功。

一个人如果具备良好的口才,无论是立身处世,还是交友待人,都一定会挥洒自如的。一个人的说话能力,可以显示出他的力量。口才好的人,说出话来准确得体,巧妙恰当,让人听后如沐春风,而他们往往可以很顺利地达到自己的目的。

有两个卖豆腐的,一个是吴老头,另一个是李老头,两个人年龄差不多,吆喝的腔调也一样,都带着悠长的余韵,但两人的生意却不一样,吴老头的生意比李老头的好得多。开始时大家都觉得奇怪,一样白嫩的豆腐,都是给很足的秤,这是为什么呢?

后来,人们逐渐发现了其中的奥秘。原来,同样是卖豆腐,吴老头比李老头多说一句话。比如张大妈去买豆腐,吴老头会边称豆腐边问:"身体还好吧?"如果跑运输的赵师傅去买,吴老头会说:"活儿多吧?"话语里透着理解和关心。时间久了,大家都把吴老头当成了朋友,即使不需要豆腐,听到他的吆喝,也要买一点放在冰箱里,就为

了听一句充满温馨的问候。

李老头后来因生意清淡,无奈只好改行了。

做生意不仅要了解用户需求,还要研究用户的心理,像卖豆腐的吴老头那样主动与客户多说一句话,进行感情交流,达到心灵沟通,让客户感到你不是在向他们卖东西,而是在关心他、想着他,为他提供方便,这样客户才会认可你的产品和服务。

有两家商店,同时装修,同时开业,商店设备也大致一样;但经营了一年之后,甲店赚了钱而乙店却亏了。

为什么同时开业,同样的"硬件"设施,结果却不一样呢?说来也简单,甲店的老板喜欢和顾客闲聊。

比如,顾客要为家里的老人买饼干,他会说:"老年人吃这种饼干不好,您可以试试这种,这种饼干好消化。"或者他会说:"这位妈妈,小男孩儿吃这种饼干好,这种饼干加有钙。"或者:"先生,这种包装的咖啡,送礼又好看又实惠。"有时见到熟人他又说:"老林,爱人今天怎么没一块儿出来?"得知对方生病在家,晚上这家老板就带上点水果来老林家看看……

掌握顾客的心理往往就是制胜的法宝。甲店的老板经营得好,主要是因为他和顾客常常闲聊,在谈话之中了解到了顾客的需求,同时也拉近了自己和顾客的心理距离,顾客就有了一种安全感。顾客对于商家充分信赖,而商家也了解顾客的需求,这样的经营岂有不胜的道理?

说"不"也是一门艺术

生活中,不可能不拒绝别人,但如果每次拒绝都带来隔阂,带来

仇视敌意,那最后必将成为孤家寡人,所以,要学会巧妙拒绝,这样你在做人做事上才不会吃亏。

当别人向你提出要求和帮助时,你也许是有口难言,也许是爱莫能助,或者因为对方的要求不合理,或者因为对方所求的事情不可行,从原则上、逻辑上讲都是应该直截了当加以拒绝的。但在社交过程中,这个"不"字又不是那么容易说出口的。因为拒绝不当容易令对方不快甚至恼恨,许多人就是因为拒绝不当而失去了朋友、得罪了领导、惹怒了合作伙伴等。所以,掌握一点说"不"的艺术是很有必要的。

人都是有自尊心的,一个人有求于别人时,往往都带着惴惴不安的心理,如果一开口就说"不行",势必会伤害对方的自尊心,引起对方强烈的反感,而如果话语中让他感觉到"不"的意思,从而委婉地拒绝对方,就能够收到良好的效果。

清代的郑板桥在当潍县县令时,查处了一个叫李卿的恶霸。李卿的父亲李君是刑部大官,得讯后急忙赶回潍县为儿子求情。李君以访友的名义拜访郑板桥,郑知李的来意,故意不动声色地看李君如何扯到正题。李君看到郑板桥房中有文房四宝,于是向郑板桥要来笔墨纸砚,提笔在纸上写道:"燮乃才子"。郑板桥一看,人家是在夸自己呢,自己也得表示表示,于是也提笔写道:"卿本佳人"。李君一看心里一亮:"郑兄,此话当真?"

"君子一言,驷马难追!"

"我这个'燮'字可是郑兄大名,这个卿字……"

"当然是贵公子宝号啦!"

李君心里高兴极了:"承蒙郑兄关照,既然我子是佳人,那就请郑兄手下留情。"

"李大人,你怎么'糊涂'了?唐代李延寿不是说过'卿本佳人,奈何做贼'吗？"

李君脸一红，只好拱手作别了。郑板桥巧妙地利用李卿的"卿"与现成话"卿本佳人，奈何做贼"的"卿"字同音同义的关系，委婉含蓄地拒绝了李天官的求情，既坚持了原则，又不使对方太难堪。

其实，拒绝别人的方式有很多种，你可以幽默轻松地表明自己的立场，也可以给自己扛个漂亮的借口，或者运用缓兵之计，从而达到巧妙的拒绝效果。

罗斯福在当选美国总统之前，曾任美国海军部部长。一天，一位老朋友向他打听海军在加勒比海的一个小岛上建立潜艇基地的计划。罗斯福想了想，然后向四周看了看，压低声音问他的朋友："你能保密吗？"对方信誓旦旦地回答："能，我一定能。""那么，"罗斯福诡秘地微笑着说，"我也能！"听到这里，两个人不约而同地大笑起来。

罗斯福不好正面回绝老朋友，就绕过问题，引诱朋友说出能保密的话来拒绝说出秘密，而且不露痕迹地表达了拒绝的理由，最终幽默地"化解"了对方的要求。

另外，不把自己的反对意见说出来，先退一步，表示同意对方的看法，然后再针对对方所提出的问题，摆出自己的不同看法。这种方法特别适宜于拒绝权威性人士的意见，又使对方不失体面。

当然，有时候，该说"不"时就说"不"。你是否有这样的经历，明明想对对方说"不"，却活生生地把这个字吞到肚子里，回家后又越想越不对劲："当时应该拒绝他的。""我怎么这么没用，不敢说出真心话。"你自责不已、悔不当初，最后陷入不安与沮丧中，久久无法释怀。不是不敢向对方说"不"，而只是因为你不想得罪人！但要知道，有时候人是必须要选择拒绝的。然而，当我们委屈自己让别人高兴时，对方却不会用同等的好意来回报你，甚至已习惯"利用"你。你牢骚

满腹、抱怨连连，那是你的事，谁叫你不选择拒绝对方呢？

的确，有时候说"不"并不容易。那么，怎样说"不"，又该如何把握呢？我们又必须在作出一个选择前，快速地算一算选择不同方向所需要付出的成本。如果说"不"的成本要远远小于不说，我们为什么不快点说呢？当一个人能够克服"不好意思拒绝"的心理，并具备"拒绝他人"的技巧时，由此而节省的时间将十分可观。当然，我们必须努力去做一个绝不说"不"的人，可是，当遇到别人不合理的请求时，我们是否也要委曲求全答应对方呢？

这个时候，你千万不要因为不能说"不"而轻易地答应任何事情，而应该视自己能力所及的范围，千万不要明明做不到却不说，结果既造成了对方的困扰，又失去了别人对你的信任。

做人难，做事难，面对千难万阻，要提升自我，不来点"硬"的怎么行？如果事有勉强，应该敢于说"不"；如果是正当利益，则应当仁不让；甚至，有时还得来点"霸王硬上弓"，要有"脸皮厚"的时候，也要有"头皮硬"的时候。如果说爱是活在世上的一门最大的最重要的功课，那么拒绝就是这门功课里的一个非常重要的章节。拒绝也是一种爱，爱自己，爱别人，免受更大的伤害。

说话要会绕弯子

生活中有一类问题，是我们怎么回答都不对的，面对这样的问题，聪明的人通常会想办法巧妙地避开。

有些话不能直言，便得拐弯抹角地去讲；有些人不易接近，就少不了逢山开道、遇水搭桥；搞不清对方葫芦里卖的什么药，就要投石问路、摸清底细；有时候为了使对方减轻敌意，放松警惕，我们便要绕弯子、兜圈子，甚至用"环顾左右而言它"的迂回战术，将其套牢。

参加招聘面试，最怕考官提些让人"无从下口"的问题，像"你有哪些缺点"就是典型的面试难题。对这个问题，可以把自己的优点当成缺点来说，既解答了难题，又全方位地推销了自己一把。一般来讲，对应聘有利的优点有注重学习、办事认真、容易相处、敢拼敢闯、不轻易认输、以厂为家等。了解了考官的偏好，回答就容易多了，当然关键还要看你如何将上述这些优点逐一分解为"缺点"。

生活中不少人是"直肠子"，为人处世"不撞南墙不回头"，十头公牛也拉不回来。这样的人最该学点迂回术，让自己的大脑多几个轮回，让肠子多绕几个弯，神经多长些末梢，否则就得做好吃亏的心理准备。

委婉的语言，是人际交往中必不可少的，是维持人与人之间的和谐关系的重要手段。

一辆电车上人很多，而这时又上来一位抱小孩儿的妇女。于是售票员对乘客说："哪位同志给这位抱小孩儿的女同志让个座儿？"但没想到她连喊两次，无人响应。售票员站起来，用期待的目光看了看靠窗口处的几位青年乘客，提高嗓音："抱小孩儿的女同志，请您往这里走，靠窗口坐的几位小伙子都想给您让座儿，可您得先过去。"话音刚落，"呼啦"一声，几位小伙子不约而同地站了起来让座。

这位女同志坐下之后，只顾喘气定神，却忘记对让座的小伙子道谢，小青年面有冷色。售票员看在眼里，心里明白。她忙中偷闲，逗着小孩子说："小朋友，叔叔给你让个座儿，你还不谢谢叔叔。"一语提醒了那位妇女，连忙拉着孩子说："快，谢谢叔叔。"那位小青年听到小孩儿道谢连声说："不客气。"

觉醒

  试想，售票员请人让座时说"那么大小伙子一点儿也不自觉"；在劝女同志道谢时说"别人给你让座，你也不知道说个谢"，后果会如何呢？生活中，要理解人们的合理需要，守护人的自尊心，只有这样才能把话说到别人的心坎里去。如果不能根据交际对象的心理选择恰当的语言形式，话一出口先挫伤他人的自尊心，必然会吃亏，甚至引起对方的不快而引发争吵。

  不要以为绕弯子、兜圈子浪费时间，很多时候，最短的路未必就是最快的路。

  有一天，一个小职员正在赶着上班，这天他的公司有一个很重要的会议，会议中的表现关乎他能否升职，所以不能迟到。无奈他的时钟却在关键时刻坏掉，最糟糕的是还有20分钟会议便要开始了。

  小职员唯有改乘出租车，希望能赶得及参加会议。

  好不容易他才拦到了一辆出租车，匆匆忙上车，他便对司机说："司机先生，我很赶时间，拜托你走最短的路！"

  司机问道："先生，是走最短的路，还是走最快的路？"

  小职员好奇地问："最短的路不是最快的吗？"

  "当然不是，现在是繁忙时间，最短的路都会交通堵塞。你要是赶时间的话便得绕道走，虽然多走一点路，却是最快的方法。"

  听了司机的话，小职员最后还是选择走了最快的路。途中他看见不远处有一条街道交通堵塞得水泄不通，司机解释说那条正是最短的路。

  司机所言不差，多走一点路果然畅通无阻，虽然路程较远，却很快便到达目的地。

  小职员最终也赶上会议，还升了职，当上部门主任。

  最短的路未必就是最快的路，像这种情况，绕个弯子，虽然多走

了些弯路,但却可以更快地到达目的地。

说话也是一样,有些话不能直言,便得拐弯抹角地去讲;有些人不易接近,就少不了逢山开道、遇水搭桥;搞不清对方葫芦里卖的什么药,就要投石问路、摸清底细;有时候为了使对方减轻敌意,放松警惕,我们便绕弯子、兜圈子,将其套牢。

陀思妥耶夫斯基是19世纪俄国著名作家,小说《罪与罚》、《白痴》皆出自这位名家之手。1866年,对陀思妥耶夫斯基是具有重要意义的一年。妻子玛丽亚和他的哥哥相继病逝。为了还债,他为出版商赶写小说《赌徒》,请了一位速记员,她叫安娜·格利戈里耶夫娜,一个年仅20岁、性情异常善良和聪明活泼的少女。

安娜非常崇拜陀思妥耶夫斯基,工作认真,一丝不苟。书稿《赌徒》完成后,作家已经爱上了他的速记员,但不知道安娜是否愿意做他的妻子,便把安娜请到他的工作室,对安娜说:"我又在构思一部小说。"

"是一部有趣的小说吗?"她问。

"是的。只是小说的结尾部分还没有安排好,一个年轻姑娘的心理活动我把握不住,现在只有求助于你了。"他见安娜在谛听,继续说:"小说的主人公是个艺术家,已经不年轻了……"

安娜忍不住打断他的话:"你干什么折磨你的主人公呢?"

"看来你好像同情他?"作家问安娜。

"我非常同情,他有一颗善良的心,充满爱的心。他遭受不幸,依然渴望爱情,热切期望获得幸福。"安娜有些激动。

陀思妥耶夫斯基接着说:"用作者的话说,主人公遇到的姑娘,温柔、聪明、善良、通达人情,算不上美人,但也相当不错。我很喜欢她。但很难结合,因为两人性格、年龄相差悬殊。年轻的姑娘会爱上

艺术家吗？这是不是心理上的失真？我请你帮忙，听听你的意见。"作家征求安娜的意见。

"怎么不可能！如果两人情投意合，她为什么不能爱艺术家？难道只有相貌和财富才值得去爱吗？只要她真正爱他，她就是幸福的人，而且永远不会后悔。"

"你真的相信，她会爱他？而且爱一辈子？"作家有些激动，又有点犹豫不决，声音颤抖着，显得既窘迫又痛苦。

安娜怔住了，终于明白他们不仅仅是在谈文学，而且是在构思一个爱情绝唱的序曲。安娜小姐的真实心理正如她自己所言，她非常同情主人公，即作家陀思妥耶夫斯基的遭遇，且从内心里爱慕这位伟大的作家，如果模棱两可地回答作家的话，对他的自尊和高傲将是可怕的打击。

于是安娜激动地告诉作家："我将回答，我爱你，并且，会爱一辈子。"

后来，作家同安娜结为伉俪。在安娜的帮助下，陀思妥耶夫斯基还清了压在身上的全部债务，并在短短的后半生写出了许多不朽之作。陀思妥耶夫斯基向安娜求爱的妙计，历来被世人当做爱情佳话，广为传诵。

陀思妥耶夫斯基担心双方由于年龄悬殊，怕求爱不成，在不敢肯定对方是否也有意于自己时，采用了迂回说话的方式，避免在遭受拒绝时自己的尴尬，不失为一个好的办法。

巧妙回避不宜直言的问题，还有很多种不同的方式，你可以采用类比的方式，借助事实说话，也可以含糊其辞，在一些不必要、不可能或不便于把话说得太实太死的时候，利用"模糊"语言让你的表意更有"弹性"。

实话巧说，坏话好说

在生活中，与人交流是避免不了的，说什么、怎么说，什么话能说、什么话不能说，都是需要"心眼儿"的。很多时候，有些人吃亏就是因为没能管住自己的嘴巴。

世事难料，许多变化都出乎意料。在遇到各种特殊情况时，若不能遇势转换，整个场面都会陷入尴尬的境地；但若能镇定借用环境，巧妙说话，一定会取得出奇制胜的效果。

世界上没有人会拒绝溢美之词，再标榜自己不受吹捧的人，也会在"糖衣炮弹"的狂轰滥炸之下举手投降。孔子曰："巧言令色，鲜矣仁。"但是，在这个时代，不巧言，不令色，并不能彰显你的仁德，有时反而突显你不识时务。经验告诉我们：捧人不是万能的，不捧人却是万万不能的！

会说话就是揣摩着对方的心理说，顺着对方的感情说，摸着对方的好恶说。对方爱什么，恨什么，喜欢什么，反对什么，都弄清了，说话也就有了方向，有了目标，有了依据。因此，如何把话说得美，说得好听，说得感人，并且说得恰到好处，成了说话的重中之重。

有一位身材肥胖的顾客问书店售货员："有《如何减肥》这本书吗？"

"对不起，太太，刚刚卖完。您要同一位作者写的《如何增肥》吗？"

"你拿我开玩笑吗？"

"绝非开玩笑，太太，只要您按照书中的建议反其道而行之就行了，我有一位朋友，她长得比您胖多了，就想买一本减肥方面的书。当时我就把这本《如何增肥》的书推荐给她，想不到两个月后再见到她时，她居然瘦了十公斤。"

这位售货员用自己的"三寸不烂之舌"完成了一项本不可能完成的"任务"——把增肥的书卖给了一个胖姐，可见口才的重要。

《红楼梦》中有这样一个情节：一次，众人同在园中赏桂。贾母说起小时候跌了一跤，鬓角上留下了一个碰破的"坑儿"。只见凤姐不等众人说话就先笑道："可知老祖宗从小儿福寿就不小，神差鬼使地蹦出个'坑儿'来好盛福寿啊！寿星老儿头上也原是个坑，因为'万福万寿'盛满了，所以倒突出些来了。"未及说完，贾母众人都笑的直不起腰了。

贾母说："这'猴儿'惯的了不得了，也拿着我取笑起来了，恨不得我撕你那油嘴！"

凤姐说："刚才吃了螃蟹，怕存住冷在心里，怄老祖宗笑笑儿，就是高兴多吃两个，也无妨了。"

贾母说："明日叫你黑家白日跟着我，我倒常笑笑儿，也不许你回屋里去。"

王夫人接口说："老太太因为喜欢她，才惯得这样，还这么说，她明儿越发没礼了。"

贾母说："我倒喜欢她这么着……"

真是艺高人胆大，敢拿老祖母头上的伤疤开玩笑！众人同赏月桂，心情自然不错，人在心情好时，自然越发能宽容。更重要的，贾母年事已高，其心当然希望万福万寿，凤姐投其所好地说老祖宗的伤疤"原是蹦出来盛福寿的"，并巧联"寿星老儿头上原本也是个坑，因万福万寿装满了才突出来"。这种得体的恭维实在是巧到了极点。当贾母假装生气骂她，她便进一步表白说这调笑"原是为着吃螃蟹不存住冷在心里"——真是关怀、体贴之至，好一位有孝心的孙媳妇！貌似不恭寻开心，其中却蕴涵着对老祖母的一片孝心，难怪王夫人责怪她无礼时，祖婆婆倒要给他护短了。

许多情况下，实话是要说的，却应该"巧说"！如何才能把实话巧妙地表达出来呢？说得既让人听了顺耳，又让人欣然接受？

有这样一个例子，一次事故中，主管生产的副厂长老马左手指受了伤被送往医院治疗，厂长老丁来病房看望时，谈到车间小吴和小齐两个年轻人技术水平较强，但组织纪律观念较差，想让他们下岗一事。老马当时没有表态，只是突然捧着手"哎哟哎哟"大叫。

丁厂长忙问："疼了吧。"

老马说："可不是，实在太疼了，干脆把手锯掉算了。"

老丁一听忙说："老马，你是不是疼糊涂了，怎么手指受了伤就想把手给锯掉呢？"

老马说："你说得很有道理，有时候，我们看问题，往往因注重了一方面而忽视了另一方面。老丁，我这手受了伤需要治疗，那小吴和小齐……"

老丁一下子听出老马的"弦外之音"，忙说："老马，谢谢你开导我，小吴和小齐的事我知道该怎么处理了。"

老马把"手有病需要治疗"类比"人有缺点可以改正"，进而巧妙地把"用人"和"治病"结合起来，既没因为直接反对老丁伤了和气，而且又维护了团结，成功地解决了问题。不能不说是一个巧妙、高超的回答。

有一位华贵的妇女去时装店买衣服，对一套时装产生了很浓的兴趣，但又觉得价格昂贵，犹豫不决。

 觉醒

这时一位营业员走过来对她说:"您的眼光真是不一般,刚才某部长也看上了这套时装,和你一样,她也觉得这套时装有点贵,刚走。"于是这位夫人当即买下了这套时装。

这位营业员很巧妙地抓住了这位夫人"自己所见与部长略同"和"部长嫌贵没买,要与部长攀比"的心理,用"激将"的方法巧妙地达到了"让这位贵妇买下时装"的目的。

此外,你还可以委婉曲折、藏而不露地表明自己要说的大实话。

林肯当总统期间,有人向他引荐某人为阁员,不过林肯早就了解到该人品行不好,所以一直没有同意。一次,朋友生气地问他,怎么到现在还没结果。

林肯说:"我不喜欢他那副'长相'!"

朋友惊道:"什么?那你也未免太严厉了,'长相'是父母给的,也怨不得他呀!"

林肯说:"不,一个人超过四十岁就应该对他那副'长相'负责了。"

朋友当即听出了林肯的话中话,再也没有说什么。

很显然,这里林肯所说的"长相"和他朋友所说的"长相"根本不是一回事。林肯巧妙地利用词语的歧义性,道出了"这个人品行道德差,我不同意他做阁员"这句大实话,既维护了朋友的面子,又达到了自己的目的。

荷姆斯曾经写道:"夸人只需要舌头,骂人却需要智慧。"的确,钟的完美不在于走得快,而在于走得准确;指责别人的话不在于脏,而在于是否能切中这个人的要害。

宋朝著名的大文豪苏东坡外出游玩,玩了一整天,又累又渴,远远看到一个小寺庙,便喜出望外地跑过去想要讨杯水喝,顺道休息

一下。

庙里的老僧看到穿着极为普通的苏东坡，对他爱理不理。为了想喝水，苏东坡只好报上姓名。老僧一听，原来是赫赫有名的苏大学士，瞬间变了一个样，不仅百般殷勤地奉上好茶，还请苏东坡到上等客房休息。

待苏东坡欲离去时，老僧脸上的笑容甜得像喝了蜂蜜一样，谄媚的话说了一连串，之后他又要求苏东坡题字留念。苏东坡面对这个势利鬼，倒也不摆架子，立刻拿起笔来写了一幅对联："日落香残，免去凡心一点。火尽炉寒，备把意马牢拴。"

老僧得到大学士的手墨，非常兴奋，把它挂到了大堂之上，并且不时地对过往香客炫耀一番。

一天，一位文人来到寺庙里，一见到挂在大堂中央的这幅对联，忍不住捧腹大笑。老和尚看得莫名其妙，这个文人上气不接下气地解释道："这幅字写得真妙，日落香残是个'禾'字，'凡'字去了一点就是'几'字，合起来就是个'秃'字。'炉'去火是为'户'，再加上马就是'驴'。所以，苏大学士是在骂你'秃驴'哪！你竟然还这么得意！真是笑死人了！哈哈……"

苏东坡文采飞扬，骂人不带个脏字，让老僧自取其辱，还不知道是怎么一回事。如果你自认为有苏东坡的文采，当然可以畅所欲言，道尽你心里想骂的话。如果没有，你又有什么资格去骂别人？

看来，骂人也是一门语言的艺术，清代的纪晓岚是人们公认的"铁嘴铜牙"，说的就是他拥有超人的口才。

纪晓岚与和珅同朝为官。纪晓岚任侍郎，和珅任尚书。

有一次，两人同饮，和珅指着一只狗问："是狼（侍郎）是狗？"

纪晓岚非常机敏，立即意识到和珅是在拐弯抹角地骂自己，就给

予还击，于是，他泰然自若地说："垂尾是狼，上竖（尚书）是狗。"

"是狼"与"侍郎"谐音，"上竖"与"尚书"谐音。和珅用谐音攻击纪晓岚，自以为稳操胜券，聪明卓绝，没想到纪晓岚用同样的技巧以其人之道还治其人之身，使狡猾的和珅没有占到丝毫的便宜。

若使自己在各种人际交往中八面玲珑，春风得意，游刃有余，一定要记住这八个字：实话巧说，坏话好说。

说服你没商量

把话说得让人心服口服，真不是一件容易的事。每一句话都要注意语言技巧，说得得体、巧妙，方能赢得人心。

谈判是语言驾驭能力的表现，是语言技巧使用最集中的场合。有人说，人生就是一个谈判的过程，生意人尤其如此。谈判不是要打倒对方，而是要"说服"对方。"说服"是一门让人们认同你的观点、展示个人魅力的艺术。具有说服能力的人总是处于主动地位，表现出一种信心十足、精力充沛的风貌。

萨道义说："谈判技巧的最大秘诀之一，就是善于将自己要说服对方的观点一点一滴地渗进对方的头脑中去。"

说服就是用摆事实、讲道理来使人相信，使人信服，使人赞同其观点和主张。生活中，很多时候都需要说服别人。针对不同的情形，应该采取不同的说服方式，才能达到说服的目的。

战国时期，赵国的太后刚刚执政，秦国趁机攻打赵国，形势非常危急。赵国向盟友齐国求救，齐国答应出兵支援，但有个条件，就是要求长安君到齐国做人质。长安君是赵太后最疼爱的小儿子，做人质要寄人篱下，在那个动荡的年代，人质的性命常常很难保证。所以，对于齐国的要求，赵太后断然拒绝。

赵国的大臣们都十分着急，纷纷劝说太后答应齐国的条件，太后非常生气，宣下旨意："谁再来劝我让长安君去做齐国的人质，我就啐他一脸。"大家一听，都不敢再开口了。

秦国的进攻日益加紧，赵国危在旦夕。老臣触龙看在眼里，急在心里，决定冒险再劝一次太后。太后听说后，怒气冲冲地在大殿等他。

触龙故意迈着小步缓慢地走上殿堂，首先谢罪说："老臣的脚有毛病，不能走快，非常失礼。很久没有来拜见您了，我担心您的身体，今天特来问候！"

看到触龙老态龙钟的样子，太后不忍苦着脸，便感慨道："我现在进出也要靠车子才行，我们都老喽！"

"那您吃饭还好吗？"触龙很关切地问。

"只能喝些稀粥，成天这么多的烦心事，我哪里有胃口啊！"

"我的胃口也不好，但我还坚持散散步，每天走二三里路，增加点食欲。"

"唉，我可做不到。"太后叹了口气，脸色好多了，先前的怒气基本看不到了。

这时触龙用恳求的语气说："太后，老臣有个儿子叫舒祺，排行最小，不成材，但老臣很喜欢他，老臣想请求您让他当一名侍卫，也算为国家出些力。"

"好啊，他几岁啦？"

"15岁，虽然还不大，但我想趁我活着的时候先安排好。"

"哈哈，原来男人也疼爱自己的小儿子。"太后笑了。

"当然，我喜欢这个小儿子比他母亲还多呢。没办法，可怜天下父

觉醒

母心嘛。"

太后很开心,谈话的气氛越发缓和了。

这时,触龙趁机说:"老臣认为太后疼爱女儿燕后比长安君要多。"

"这怎么可能?"太后睁大了眼睛。

触龙很感慨地说:"父母疼爱儿女,总是替他们做长远的打算。当年你送燕后远嫁外地,她也哭个不停,不愿意远离家乡;出嫁后,您非常想念她,但每次祭祀时总是祈祷她不要回国,好好当她的王后。这不是替她做长远打算,让她的子孙世代继承王位吗?"

"是啊!"太后点头说。

触龙进一步说:"您想过没有,三代以前,甚至赵国的开国重臣,现在他们的子孙还封侯的还有吗?"

"没有了。"太后想了一下说。

"是那些封侯人的子孙都不好吗?没有能力吗?不是的。关键是他们没有功绩。没有功绩却享受很高的俸禄,拥有很高的地位,时间长了就难以服众啦。现在您宠爱长安君,可以提高他的地位,赐予他土地与财宝,可您不让他为国立功,您百年之后,长安君凭什么服众呢?所以我认为您没有替长安君长远打算,说您对他的爱不如对燕后的爱。"

一席话,让赵太后醒悟了,她改变了想法,同意长安君到齐国做人质,让他为解决赵国的危机出力。齐国很快出兵,击退了秦军,赵国平安了。

这就是历史上著名的"触龙说赵太后"的故事。由此看来,要想成功说服对方,首先要进入对方的内心世界,不能一开始就讨论双方的分歧点,而是应该站在同一立场上,先肯定他正确的一面或者讲他愿意听的话,寻求彼此共同的观点。然后,要针对对方心理"对症下

药"，找到说服对方的有效途径、方法。再根据对方的需要，提出你的新主张，从而让对方放弃自己的旧主张。

美国著名科学家和哲学家富兰克林说过这样一句话："要想说服别人，不能仅晓之以理，更应晓之以利！"伽利略正是抓住了父亲的心理，成功说服了他并得到支持，才走上了成功之路。

伽利略的父亲曾经是一个破产的商人，家里很穷，他送伽利略去学校读书的目的，就是为了让伽利略将来能成为一个商人，能多赚些钱。可是伽利略对科学领域颇感兴趣，希望在父亲的支持下在这方面能有所成就。

一天，伽利略对父亲说："父亲，我想问你一件事，是什么促成了你同我母亲的婚事呢？"

父亲笑着说："是我看上她了。"

伽利略又问："那你有没有想过娶别的女人？"

"没有，孩子。家里的人曾要我娶一个富有的女人，可我只钟情于你的母亲，你的母亲从前可是一个美丽动人的姑娘。"

伽利略说："你说的一点儿也没错，我母亲直到现在风韵依然。你不曾娶过别的女人，是因为你爱我的母亲。父亲，你知道，我现在也面临像你当年一样的情境啊！我痴心所爱的这个姑娘就是科学！除了科学以外，我不可能再去选择别的职业，因为我只钟情于科学。别的任何职业对我而言都毫无用途和吸引力。我不想去追逐财富和荣誉，科学是我唯一的需要，我对它的爱就如对一位美貌女子的倾慕！"

父亲说："像倾慕女子那样，怎么能这样说呢？"

伽利略说："一点儿没错。亲爱的父亲，我已经18岁了，别的学生到了我这年龄，哪怕是最穷的学生都已开始想到自己的婚事了，可我从没想过，我不曾追求过任何姑娘。别人都想寻求一位标致的姑娘

 觉醒

作为终身伴侣,而我只愿与科学为伴。"

父亲没有说话,一直在琢磨着。

伽利略继续说道:"父亲,你有才干,但没有力量来实现你曾经的理想,而我却能兼而有之。为什么你不能帮助我实现自己的愿望呢?我一定会成为一名杰出的学者,获得教授身份。我能够以此为生,而且会比别人生活得更好!"

父亲叹了口气说:"可我没有钱供你上大学啊!"

伽利略看父亲心动了,便接着说:"父亲,你听我说,很多穷学生都能领到奖学金,这钱是公爵给的,我为什么不能领一份奖学金呢?我知道父亲是一个很有能耐的人,在佛罗伦萨你有很多有名望的朋友,你和他们的交情还都不错,只不过你碍于面子不想开口求他们而已。为了你的儿子,你就到宫廷去走一趟吧,你有这个能力把这事办好。如果对我的学习有什么怀疑,你只须去问一问公爵的老师奥斯蒂罗·利希,他知道我的能力。"

父亲终于被伽利略说动了:"你说得有道理,这确实是个好主意。"后来他帮助伽利略走进了佛罗伦萨大学,而伽利略也实现了自己的梦想,终于成了一名伟大的科学家!

说服对方,就需要站在对方的角度谋划和考虑,了解他的心理,了解他的需求,了解他的困难。这种说服方法容易使对方接受,达成统一认识。现实生活中,就有许多人面对歹徒临危不惧,完全靠自己的口才说服对方,使之"放下屠刀,立地成佛"。

有一个出租车女司机把一个男青年送到指定地点后,那个男青年掏出尖刀逼她把钱都交出来。她装作害怕的样子,交给歹徒300元钱,说:"今天就挣这么点儿,要嫌少就把零钱也给你吧。"说完又拿出20元零钱。见"的姐"如此爽快,歹徒有些迷惑。"的姐"见自己说中了

他的弱点，便趁机说："你家在哪儿住？我送你回家吧。这么晚了，家人肯定等急了。"见"的姐"是个女子又不反抗，歹徒便把刀收了起来，让"的姐"把他送到火车站去。

趁气氛缓和的时机，"的姐"不断地启发歹徒："我家里原来也非常困难，咱又没啥技术，后来就跟人家学开车，干起这一行来。虽然挣钱不算多，可日子总得过呀。何况自食其力，穷点儿谁还会怕谁笑话呢！"见歹徒沉默不语，"的姐"继续说："唉，男子汉四肢健全，干点儿啥都差不了，走上这条路一辈子就毁了。"

火车站到了，见歹徒要下车，"的姐"又说："我的钱就算帮助你的，用它干点儿正事，以后别再干这种见不得人的事了，学点儿技术吧。"一直不说话的歹徒听罢突然哭了，把300多元钱往"的姐"手里一塞说："大姐，我以后饿死也不干这事了。"说完，低着头跑了。

在这个事例中，"的姐"将心比心，把话说到了对方的心里，最终达到了说服的目的，自己没有受到任何伤害也没有任何损失。一口漂亮话，是人闯荡江湖的一把"宝剑"。就是说，有了这个本领，你就能更快地走向事业的巅峰。